虚 拟 现 实 技 术 专 业 新 形 态 教 材

虚拟现实项目
开发教程

张芬芬　唐军广　主编

何　玲　季红芳　沈　丹　副主编

清华大学出版社

北京

内 容 简 介

本书是基于校企双元合作开发的职业教育新形态教材,以项目教学为主,循序渐进地介绍了虚拟现实项目开发中的核心技术以及工作流程和实际应用。全书共分为五个项目,内容包括:项目1为虚拟现实项目策划与管理;项目2为VR+云团课教育项目开发(Unity方向);项目3为VR+线上校园项目开发(Unreal方向);项目4为VR+数字餐厅项目开发(Unity方向);项目5为VR+数字园林项目开发(Unreal方向)等。

本书适合作为普通高等院校与职业院校虚拟现实技术、数字媒体、动漫设计、游戏设计与多媒体技术、计算机应用等专业的课程教材,也适合作为相关行业的设计与研发人员的参考用书。

图书在版编目(CIP)数据

虚拟现实项目开发教程 / 张芬芬,唐军广主编 . —北京:清华大学出版社,2022.8(2025.1 重印)
虚拟现实技术专业新形态教材
ISBN 978-7-302-61223-0

Ⅰ.①虚… Ⅱ.①张… ②唐… Ⅲ.①虚拟现实—程序设计—高等职业教育—教材 Ⅳ.① TP391.98

中国版本图书馆 CIP 数据核字(2022)第 110262 号

责任编辑:郭丽娜
封面设计:常雪影
责任校对:刘 静
责任印制:杨 艳

出版发行:清华大学出版社
    网 址:https://www.tup.com.cn,https://www.wqxuetang.com
    地 址:北京清华大学学研大厦A座   邮 编:100084
    社 总 机:010-83470000   邮 购:010-62786544
    投稿与读者服务:010-62776969,c-service@tup.tsinghua.edu.cn
    质量反馈:010-62772015,zhiliang@tup.tsinghua.edu.cn
    课件下载:https://www.tup.com.cn,010-83470410
印 装 者:三河市龙大印装有限公司
经 销:全国新华书店
开 本:185mm×260mm   印 张:15.25   字 数:327千字
版 次:2022年8月第1版   印 次:2025年1月第4次印刷
定 价:76.00元

产品编号:096352-01

丛书序

　　近年来信息技术快速发展，云计算、物联网、3D 打印、大数据、虚拟现实、人工智能、区块链、5G 通信、元宇宙等新技术层出不穷。国务院副总理刘鹤在南昌出席 2019 年"世界虚拟现实产业大会"时指出"当前，以数字技术和生命科学为代表的新一轮科技革命和产业变革日新月异，VR 是其中最为活跃的前沿领域之一，呈现出技术发展协同性强、产品应用范围广、产业发展潜力大的鲜明特点。"新的信息技术正处于快速发展时期，虽然总体表现还不够成熟，但同时也提供了很多可能性。最近的数字孪生、元宇宙也是这样，总能给我们惊喜，并提供新的发展机遇。

　　在日新月异的产业发展中，虚拟现实是较为活跃的新技术产业之一。其一，虚拟现实产品应用范围广泛，在科学研究、文化教育以及日常生活中都有很好的应用，有广阔的发展前景；其二，虚拟现实的产业链较长，涉及的行业广泛，可以带动国民经济的许多领域协作开发，驱动多个行业的发展；其三，虚拟现实开发技术复杂，涉及"声光电磁波、数理化机（械）生（命）"多学科，需要多学科共同努力、相互支持，形成综合成果。所以，虚拟现实人才培养就成为有难度、有高度，既迫在眉睫，又错综复杂的任务。

　　虚拟现实一词诞生已近 50 年，在其发展过程中，技术的日积月累，尤其是近年在多模态交互、三维呈现等关键技术的突破，推动了 2016 年"虚拟现实元年"的到来，使虚拟现实被人们所认识，行业发展呈现出前所未有的新气象。在行业的井喷式发展后，新技术跟不上，人才队伍欠缺，使虚拟现实又漠然回落。

　　产业要发展，技术是关键。虚拟现实的发展高潮，是建立在多年的研究基础上和技术成果的长期积累上的，是厚积薄发而致。虚拟现实的人才培养是行业兴旺发达的关键。行业发展离不开技术革新，技术革新来自人才，人才需要培养，人才的水平决定了技术的水平，技术的水平决定了产业的高度。未来虚拟现实发展取决于今天我们人才的培养。只有我们培养出千千万万深耕理论、掌握技术、擅长设计、拥有情怀的虚拟现实人才，我们领跑世界虚拟现实产业的中国梦才可能变为现实！

产业要发展，人才是基础。我们必须协调各方力量，尽快组织建设虚拟现实的专业人才培养体系。今天我们对专业人才培养的认识高度决定了我国未来虚拟现实产业的发展高度，对虚拟现实新技术的人才培养支持的力度也将决定未来我国虚拟现实产业在该领域的影响力。要打造中国的虚拟现实产业，必须要有研究开发虚拟现实技术的关键人才和关键企业。这样的人才要基础好、技术全面，可独当一面，且有全局眼光。目前我国迫切需要建立虚拟现实人才培养的专业体系。这个体系需要有科学的学科布局、完整的知识构成、成熟的研究方法和有效的实验手段，还要符合国家教育方针，在德、智、体、美、劳方面实现完整的培养目标。在这个人才培养体系里，教材建设是基石，专业教材建设尤为重要。虚拟现实的专业教材，是理论与实际相结合的，需要学校和企业联合建设；是科学和艺术融汇的，需要多学科协同合作。

本系列教材以信息技术新工科产学研联盟 2021 年发布的《虚拟现实技术专业建设方案（建议稿）》为基础，围绕高校开设的"虚拟现实技术专业"的人才培养方案和专业设置进行展开，内容覆盖专业基础课、专业核心课及部分专业方向课的知识点和技能点，支撑了虚拟现实专业完整的知识体系，为专业建设服务。本系列教材的编写方式与实际教学相结合，项目式、案例式各具特色，配套丰富的图片、动画、视频、多媒体教学课件、源代码等数字化资源，方式多样，图文并茂。其中的案例大部分由企业工程师与高校教师联合设计，体现了职业性和专业性并重。本系列教材依托于信息技术新工科产学研联盟虚拟现实教育工作委员会诸多专家，由全国多所普通高等教育本科院校和职业高等院校的教育工作者、虚拟现实知名企业的工程师联合编写，感谢同行们的辛勤努力！

虚拟现实技术是一项快速发展、不断迭代的新技术。基于虚拟现实技术，可能还会有更多新技术问世和新行业形成。教材的编写不可能一蹴而就，还需要编者在研发中不断改进，在教学中持续完善。如果我们想要虚拟现实更精彩，就要注重虚拟现实人才培养，这样技术突破才有可能。我们要不忘初心，砥砺前行。初心，就是志存高远，持之以恒，需要我们积跬步，行千里。所以，我们意欲在明天的虚拟现实领域领风骚，必须做好今天的虚拟现实人才培养。

周明全

2022 年 5 月

前　言

2018 年 9 月 14 日，"虚拟现实应用技术"专业列入《普通高等学校高等职业教育（专科）专业目录》；2020 年 2 月 21 日，"虚拟现实技术"专业被纳入《普通高等学校本科专业目录（2020 年版）》，意味着我国的虚拟现实技术人才培养登上了新的台阶。

2021 年 3 月 12 日，《中华人民共和国国民经济和社会发展第十四个五年规划和2035 年远景目标纲要》正式公布，大数据、人工智能、虚拟现实和增强现实等一并被纳入数字经济重点产业，成为建设数字中国的重要支撑。

自 2016 年以来，虚拟现实开始进入消费级市场，国际 IT 巨头纷纷布局，引发全球范围内发展热潮。我国虚拟现实产业界迅速跟进，创新创业非常活跃，硬件制造、内容应用开发以及业务体验推广等产业链各环节快速发展，正在成为全球虚拟现实产业最具创新活力和发展潜力的地区之一。大数据、虚拟现实和人工智能等产业是引领全球新一轮产业变革的重要力量，将撬动上万亿元的新兴市场，成为经济发展的新增长点。虚拟现实技术不仅为用户带来更具感染力及沉浸感的体验，也给人们的生活方式带来了前所未有的变革，对于行业信息化进程具有重要意义，产生了大量的人才需求。随着我国虚拟现实产业快速成长，技术应用范围越来越广，对人才的需求也越来越旺盛。

目前市场上所需要的虚拟现实技术人才主要集中在产品研发、内容开发和运营营销等领域。中国拥有大量的虚拟现实用人需求，亟须高校、企业等进行复合型专业人才的培养，而虚拟现实技术的提升主要是通过项目实训的方式实现。因此，本书旨在提高学生的专业技能，为虚拟现实行业输送人才作铺垫。

近几年很多高校开设了虚拟现实专业，专业基础课程都各有特点，突出学校特色和办学理念。但是综合来看，在校生缺乏面向社会、走出校门的专业技能，主要是因为没有合适的商业项目案例和专业的书籍供实训教学。因此本书主要也是从这点出发，结合市面上主要的开发引擎 U3D（Unity 3D）和 UE4（Unreal Engine 4，虚幻引

擎 4）进行编写，内容涵盖难度不等的项目，适合不同阶段的学生进行实训。从开始的入门的展馆设计交互，到大场景游戏交互的升级，最后以综合实训案例结尾，融合了编程实训的特点和虚拟现实实训的内涵，很好地将商业项目引入学生实践实训的过程中，使学生掌握商业项目开发的流程，并提高技能。

本书项目 1 从虚拟现实项目管理入手，锻炼学生对项目的分析、对接能力，使其能快速地梳理清楚一个项目整体，通过功能分析图等方式呈现，并着手开发。项目 2 和项目 3 针对一些基础交互内容，展现展馆交互和校园漫游的功能，需要学生掌握虚拟现实基础交互的商业项目的实训，难度适中，容易上手。项目 4 和项目 5 以较大型商业项目为基础，综合代码框架和知识点，进行串联灌输、并联触发，将每一个知识点都体现在项目中并灵活应用，在项目开发过程中增添了很多创新开发的思路来拓展学生的编程视野，在编程中逻辑性更强，代码也更具紧凑性，提高了学生的综合应变开发能力，使学生更好地满足人才市场需求。

本书针对高等院校虚拟现实专业实训教材当前的空缺，依据本校虚拟现实专业实训室现有的基础条件，以及前期在人才培养模式上衔接产教两个方面的融合思考进行编写。基于企业真实场景，直观展现行业新业态、新水平和新技术，培养适应生产、建设、管理与服务第一线需要的高技能技术型人才。

本书由江西青年职业学院张芬芬、唐军广担任主编，由江西科技师范大学何玲、江西水利职业学院季红芳和江西青年职业学院沈丹担任副主编，由江西青年职业学院白凤鸣、南昌威爱信息科技有限公司董艳超、齐培良、张慧、钟墨；中师国培（北京）教育科技集团有限公司李禄、柳彬彬和江西青年职业学院李龙担任参编。全书由张芬芬拟定编写大纲并统稿，参编企业进行项目技术内容的开发与核定，保证教材开发的先进性、实用性和适用性。项目研发以学生为中心，线上线下互通，采用项目任务式，将教材、微课、动画和 PPT 及移动终端等资源融合，凸显教育信息化，使教材更加立体化、多维化，为学生的学习提供极大的方便。

在编写过程中，我们参阅了大量文献资料，在此对这些资料的作者表示诚挚的谢意！由于编者水平有限，书中难免存在疏漏之处，敬请广大读者批评、指正。

编　者

2022 年 6 月

项目二
工程文件

项目三
工程文件

项目四
工程文件

项目五
工程文件

目 录

项目 1　虚拟现实项目策划与管理 ·· 1

任务 1.1　虚拟现实项目需求与对接 ··· 1

任务 1.2　虚拟现实项目策划与设计 ··· 7

任务 1.3　虚拟现实项目提案与管理 ··· 9

项目 2　VR+ 云团课教育项目开发（Unity 方向） ··················· 14

任务 2.1　VR+ 云团课教育项目硬件介绍与策划原型设计 ··············· 14

任务 2.2　搭建 Unity 引擎基础开发环境 ··································· 23

任务 2.3　创建工程，导入美术素材、集合模型及制作 ··················· 39

任务 2.4　动画与音视频添加 ··· 45

任务 2.5　添加手柄射线系统，射线与 UI 和物体交互 ··················· 50

任务 2.6　Bug 修复和资源优化 ··· 82

项目 3　VR+ 线上校园项目开发（Unreal 方向） ··················· 88

任务 3.1　VR+ 线上校园项目需求分析和开发流程 ······················· 89

任务 3.2　创建新工程与美术资产导入 ······································· 90

任务 3.3　搭建 Unreal Engine VR 开发环境 ······························· 97

任务 3.4　校园场景漫游 ··· 114

任务 3.5　UI 搭建和手柄交互 ··· 121

任务 3.6　VR+ 线上校园项目打包测试 ····································· 134

项目 4　VR+ 数字餐厅项目开发（Unity 方向） ·· 138

　　任务 4.1　VR+ 数字餐厅项目策划与原型设计 ··· 139

　　任务 4.2　VR+ 数字餐厅场景搭建和 UI 设计 ··· 142

　　任务 4.3　VR+ 数字餐厅场景之区域介绍 ·· 154

　　任务 4.4　VR+ 数字餐厅场景之区域标注 ·· 161

　　任务 4.5　VR+ 数字餐厅场景之设计餐厅 ·· 172

　　任务 4.6　VR+ 数字餐厅场景 VR 模式与打包测试 ····································· 182

项目 5　VR+ 数字园林项目开发（Unreal 方向） ·· 191

　　任务 5.1　VR+ 数字园林项目需求分析和开发流程 ····································· 192

　　任务 5.2　创建新工程与美术资产导入 ··· 193

　　任务 5.3　搭建 VR 开发环境 ··· 199

　　任务 5.4　创建和加载 Unreal Engine 数据表 ·· 199

　　任务 5.5　UI 的搭建和 3D UI 的使用 ··· 206

　　任务 5.6　VR 手柄和 UI 交互 ··· 223

　　任务 5.7　VR+ 数字园林项目打包测试 ·· 229

参考文献 ··· 231

项目1

虚拟现实项目策划与管理

项目导读

虚拟现实（Virtual Reality，VR）项目开发，需要专门的项目经理进行对接，根据客户需求拟定项目策划，然后把策划内容编辑成脚本，分析项目中使用的模型、UI、动画、特效和交互功能，列出对应的开发脚本、模型脚本、UI 脚本、动画脚本和特效脚本。为高效优质地完成项目，需要对项目进行统筹管理、协同开发，通过使用项目管理软件来实现多人协同开发，并快速解决或反馈项目问题，加快项目开发的进度，提高项目开发的质量。

学习目标

- 掌握 VR 项目的特点和需求。
- 熟练掌握 VR 设备的使用。
- 熟悉设计 VR 项目的开发流程。
- 了解项目管理的常用工具的使用。
- 掌握策划 VR 项目的技巧。

任务 1.1　虚拟现实项目需求与对接

■ 任务目标

（1）掌握 VR 的特点和 VR 设备信息。

（2）掌握 VR 项目的分类和项目需求对接。

项目需求与
对接

■ **任务分析**

　　VR 项目一般是解决日常生活、工作、学习中需要沉浸式体验需求的问题。只有掌握 VR 的特点，才能对项目进行比较透彻的分析；只有了解 VR 开发的设备，才能对接对方的需求，给对方提供最佳的解决方案。当拿到一个项目时，如何对接该项目也是本任务将会涉及的内容。

知识准备

　　虚拟现实是 20 世纪发展起来的一项全新的实用技术。它囊括了计算机、电子信息和仿真技术，其基本实现方式是计算机模拟虚拟环境从而给人以环境沉浸感。随着社会生产力和科学技术的不断发展，各行各业对虚拟现实技术（以下简称 VR 技术）的需求日益旺盛，VR 技术也取得了巨大进步，并逐步成为一个新的科学技术领域。

　　虚拟现实的特点如下。

　　（1）沉浸性。沉浸性是 VR 技术最主要的特征，就是让用户成为并感受到自己是计算机系统所创造环境中的一部分，VR 技术的沉浸性取决于用户的感知系统，当使用者感知到虚拟世界的刺激时，包括触觉、味觉、嗅觉和运动感知等，便会产生思维共鸣，造成心理沉浸，感觉如同进入真实世界。

　　（2）交互性。交互性是指用户对模拟环境内物体的可操作程度和从环境得到反馈的自然程度，使用者进入虚拟空间，相应的技术让使用者跟环境产生相互作用，当使用者进行某种操作时，周围的环境也会做出某种反应。如使用者接触到虚拟空间中的物体，那么使用者手上应该能够感受到；若使用者对物体有所动作，则物体的位置和状态也应改变。

　　（3）多感知性（构想性）。多感知性表示计算机技术应该拥有很多感知方式，比如听觉、触觉和嗅觉等。理想的虚拟现实技术应该具有一切人所具有的感知功能。由于受相关技术，特别是传感技术的限制，目前大多数虚拟现实技术所具有的感知功能仅限于视觉、听觉、触觉和运动等几种。

　　大体来说，市面上常见的 VR 设备主要有三大类。

　　第一类是手机盒子类眼镜，属于非正式的低成本 VR 体验方案。这种类型的简易 VR 眼镜，只要插入手机就能进行 3D 观影，价格在十几元到几百元人民币之间不等，属于 VR 行业发展早期出现的低成本体验方案。此类设备的代表之一是 Google Cardboard（谷歌纸盒），如图 1.1 所示。

　　第二类是 VR 一体机，属于进阶级别的 VR 产品。VR 一

图 1.1　Google Cardboard

体机是具备独立处理器并且同时支持 HDMI 输入的头戴式 VR 设备。它无须借助计算机和手机等任何输入输出设备，就能看 3D 电影，而且携带方便，出差和旅游都可以带在身边，也不受移动空间的限制，还有超长的电池续航。国内一体机品牌很多，如 HTC、爱奇艺、大朋、Pico G2、小米 VR 一体机等设备都是目前的热门产品，如图 1.2 所示。

第三类是 PC 端外接式 VR 头戴式显示设备，简称 VR 头显，属于相对专业的高端 VR 产品。这类设备具备独立屏幕，产品结构复杂，技术含量较高，需外接较高配置的计算机才能体验，价格也普遍较贵。因为其高性能保证了同步效率和画面质量，能带来无与伦比的沉浸感，因此，这类头戴式 VR 设备是 VR 游戏硬核玩家的必选，如图 1.3 所示。

图 1.2 VR 一体机

图 1.3 PC 端外接式 VR 头显

目前市场上主流的头戴式 VR 设备品牌有 HTC Vive、Oculus 等。由于其便携性较差和占地比较大等因素，头戴式 VR 设备难以在家庭用户中快速普及。但是 PC 端 VR 设备凭借其低延迟、高清晰度和高帧率的优势，深受 VR 兴趣爱好者青睐。

虚拟现实系统分为桌面式虚拟现实系统、沉浸式虚拟现实系统、增强式虚拟现实系统和分布式虚拟现实系统四类。

（1）桌面式虚拟现实系统。它是基于计算机或者工作站进行虚拟现实体验的，通过显示器屏幕来获取视觉方面的信息，通过位置传感器、光学传感器和数据手套等外部传感器设备与虚拟现实世界交互。这类系统对运载的设备没有过高的要求，主要特点为全面、小型、经济、适用，非常适用于 VR 工作者的教学、研发和实际应用，应用普遍。

（2）沉浸式虚拟现实系统。它为参与者提供完全沉浸的体验，使用户有一种置身于虚拟世界之中的感觉。沉浸式虚拟现实系统明显的特点是：利用头显把用户的视觉、听觉封闭起来，产生虚拟视觉和听觉；同时，利用数据手套把用户的手感通道封闭起来，产生虚拟触觉。系统采用语音识别器让参与者对系统主机下达操作命令，与此同时，头、手、眼均有相应的头部跟踪器、手部跟踪器和眼睛视向跟踪器的追踪，使系统尽可能地达到实时性。临境系统是真实环境替代的理想模型，它具有最新交互手段的虚拟环境。常见的沉浸式虚拟现实系统有基于头显的系统和投影式虚拟现实系统。

（3）增强式虚拟现实系统。它通过相关的设备（如手机）计算并生成虚拟图像，与现实世界的场景进行叠加显示，用户能在现实世界中接触到虚拟世界的画面，可以说是对现实世界的增强，此类系统能获得更加直观的体验。例如，修理技工在检查设备的故障部位时，可以看见一些重点式的说明，指出哪些零件需要检查；外科医生只要检查实时的内脏超音波扫描，就能看到等同于 X 光照出来的影像重叠在病人身体上；消防队员可以看见失火建筑物的格局，避开原本看不见的危险因素；士兵透过无人侦察机传来的信息，就能看见敌方狙击手的位置；观光客沿着一条街扫视过去，就能看见这一街区每家餐厅的风评；计算机游戏玩家可以一边和几个三米高的异形交战，一边走路去上班等。

（4）分布式虚拟现实系统。它基于网络产生，将不同地域的多个用户或者多个虚拟环境互相连接。用户们可以在同一个虚拟世界中进行交互操作，每个用户都可以采用沉浸式或桌面式虚拟现实系统。最常见的模式就是多人在线的虚拟现实游戏。分布式虚拟现实系统在远程教育、科学计算可视化、工程技术、建筑、电子商务、交互式娱乐和艺术等领域都有着极其广泛的应用前景。利用它可以创建多媒体通信、设计协作系统、实境式电子商务、网络游戏和虚拟社区全新的应用系统。

针对 VR 的项目需求非常广泛，大到航空航天，小到家用日常，基本涉及各行各业。例如，在教育领域，解决了课堂上授课枯燥乏味的问题，让学生在空间知识之中有身临其境的感觉；在电力行业，模拟特高压作业实操之前和之后的经历，让受训者学习到很好的经验，为电力行业输送合格的人才；模拟驾驶技术，不再让学员无车可练；医生可以时刻通过虚拟现实练习心脏手术……在 VR 行业里每个项目都有其特点，都有其需求。要通过解决客户痛点，分析客户难点，探索客户未知点来进行深层剖析，通过 VR 来解决相关问题。

任务实施

VR 项目类型有很多，涉及的领域也非常广泛，而各行各业的虚拟现实项目需求也是千差万别。项目对接人在拿到一个项目时，首先应考虑对方是基于什么目的，需要什么内容，预期达到什么效果，意义是什么，然后根据客户心理去理解项目需求。

一般项目的开展都是从叙说形式开始，没有纸面的项目细节，仅仅是一些想法，而接下来需要的事情就是沟通。在沟通的过程中，甲方（项目需求方）会给出相关项目的资料，而作为乙方（项目承接方）就需要去梳理这些资料，并与甲方一一对接核实资料内容。双方派出专门的负责人对项目细节进行沟通，一般甲方派出要使用该项目的技术人员或者技术领导，乙方派出产品经理，双方约定会议开展项目沟通，会议沟通内容会体现在项目文档中。乙方负责项目的流程梳理，甲方负责项目流程的审核，最终会以原型图、流程图等方式呈现。

那什么是需求分析呢？

软件开发一般包括可行性分析、需求分析、软件设计、软件开发、软件测试、软件实施和软件服务等步骤。需求分析是软件开发的一个步骤，主要作用是充当软件研发人员与客户之间的桥梁，主要包括对客户的信息化需求进行分析，将不规范、随意的需求转换成规范、严谨和结构化的需求，将不正确的需求转换成正确的需求，将不切实际的需求转换成可以实现的需求，将不必要的需求砍掉，将漏掉的需求补上等。

本任务所说的需求分析包括需求获取、系统规划和软件开发设计等工作，下面通过具体案例进行详细说明。

小王是某软件公司的产品经理。最近公司刚签了一份 VR 软件开发合同，需要给一家企业开发一套数字孪生虚拟现实工厂的应用，工厂内涉及监控、温度、湿度、设备转速等数据参数需要与虚拟工厂数据进行孪生对接，小王负责这个项目的需求分析工作。

（1）在到企业现场之前，他先准备了一份需求调查问卷发给各个工厂管理员与设备维护人员，收回答卷后他做了仔细研究，并对这个工厂已经有了初步了解。然后他来到企业工作现场，收集了工厂用到的具有 IoT 设备的数据，分析这些数据后他了解了整个工厂需要对接的所有数据，最后跟工厂的企业负责人、设备维护人员和网络维护人员进行了单独的访谈，了解了他们对数字孪生工厂的想法。

（2）需求调研完成后，小王进行了系统规划。有些需求明显超出了项目范围，因此需要控制，如负责人提出能否在系统中看出设备内部运行构造，这明显超出了虚拟现实系统的范围；而有些需求是必需的，虽然没有人提出来，但为了数字化管理，小王建议加进去，如外部天气的变化、场外空气湿度的变化、报警装置的配置和阈值范围的设定等。经过整理、讨论、沟通、说服等过程后，小王最终跟用户确定了需求。根据确定的需求，小王跟用户讨论确定了未来在数字化系统下的管理方式，包括相关人员应该如何工作，各岗位与数字化系统相关的工作职责，使用者的计算机终端如何布置，在什么情况下需要使用软件等。

（3）小王开始进行软件设计。首先根据软件需要处理的信息以及信息流动的过程设计数据模型，确定本系统需要哪些业务实体，每个实体包括哪些属性，各个实体之间的关系等。其次进行功能建模，确定需要提供哪些功能点，每个功能点包括哪些子功能，每个功能的业务规则等。然后，使用一款原型设计工具进行软件功能界面的设计，在设计的过程中，安排时间给相关用户讲解自己的设计思想，告诉用户在工作过程中需要如何使用本软件，一边听取用户的意见，一边修改。接着，遇到一些技术上不容易实现的地方，还会征求开发人员的意见，经过几次外部、内部评审会后定稿了。最后，根据设计成果撰写原型说明书。

（4）小王将数据模型、界面原型和交互逻辑说明书交给研发部门进行开发。

软件开发完成上线后，如果用户提出有些功能不符合管理要求，则需要修改，即用户提出了需求变更要求，小王根据用户要求设计了需求变更解决方案，撰写了需求变更说明

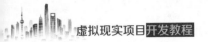

书，并交给研发部门修改软件。

通过小王在该项目中担任的角色可以了解到一个项目需要进行前期的实地调查、人物采访和设备调研等事项，然后跟负责人进行可行性方案探讨，既满足客户需求又能达到项目所需标准，最终项目文件编辑完成经过双方修订后再进行开发。

知识拓展

需求的对接方式有哪些呢？

需求对接就是通过需求调研获取用户对数字化的需求。常用的需求调研方式包括观察法、体验法、问卷调查法、访谈法、设备采集法、报表分析法和需求调研会法。这些方法在实际工作过程中需要灵活运用，不同的企业、部门、岗位和业务都有可能导致调研方法的变化，不可生搬硬套。

1. 观察法

通过观察用户的工作过程，理解用户业务，从而获取用户关于数字化的需求。例如，可以通过观察工厂设备的运行流程来设计数字化工厂的动画运行模块。

2. 体验法

调研者亲自参与工作，通过体验用户的工作，理解用户业务，从而获取用户关于数字化的需求。所谓体验，就是去学习用户的工作，然后独立或者在指导下真正参与用户所从事的工作。例如，可以通过参与设备维护的流程，了解设备运行的原理，在建立数字模型时使参数准确化赋值。体验法可以非常深刻地理解用户业务，但成本较高。

3. 问卷调查法

通过发放调查问卷，由用户填写问卷的方法获取需求。这种方法需要较高的问卷设计水平，且回答的人也很少会在认真仔细思考后作答，效果并不好，因此用得不多。当需要快速、概略性地了解某用户业务时，可以考虑使用这种方法。

4. 访谈法

通过与用户面对面的交谈理解用户业务，获得用户需求。访谈可以非常正式，有访谈稿，有预约，有精心准备好的会议室等；也可以很随意，在餐桌边、电梯上、电话中都可以进行一次访谈，这是使用最普遍的需求调研方式。

5. 设备采集法

通过用户给的资料对接设备的接口，将接口数据上传服务器，通过基于设备的参数进行虚拟建模，呈现1:1的模型在虚拟工厂进行运作，对于没有数据的设备可以采用摄像机拍摄，然后进行特殊化处理建模，将虚拟模型逼真化呈现。

6. 报表分析法

通过分析用户当前使用的报表获取需求。报表往往是信息的集大成者，在电子化的信息系统中如此，在非电子化的信息系统中也是如此。报表一般都是管理层用的，理解报表就是理解管理层的管理思想，通过刨根问底的方式研究当前报表中的每一个数据项的来源，可以深刻理解管理层对信息的要求。

7. 需求调研会法

通过召开需求会议获取需求。当需要讨论的需求问题牵涉的相关人员较多时，可以组织需求调研会，可以在会议上厘清流程、确定分工、调和利益等。由于调研会牵涉的人员较多，且企业高层领导也可能参加，为保障后续工作顺利开展，须做好调研会议的前期准备工作。

通过以上方法可获取客户的需求，根据需求进行后续的项目对接，如项目金额、项目周期和项目维护等事宜。

任务 1.2 虚拟现实项目策划与设计

■ 任务目标

（1）掌握 VR 项目的策划方式。

（2）熟练区分 VR 项目的类别。

■ 任务分析

对于 VR 项目而言，只有了解客户需求，才能进行项目策划，而策划的依据和内容也是非常多的，如项目使用环境、项目使用对象、项目呈现方式、项目预算和项目周期等都是策划需要考虑的问题。VR 项目一般是以书面的形式对接需求，以流程图方式呈现需求，设计者通常还会根据流程图设计出每一个界面的原型图以保障开发进度。

项目策划管理与提案

任务实施

一个 VR 项目需要从多角度出发进行策划，策划的路径因需求不同而异，一般会通过以下几种方式进行策划。

（1）从整体项目出发。当项目需求从对方接过来之后，首先要考虑的是项目方是谁，是否可靠，对方征信等是否有问题，避免后期出现纠纷问题，即项目的关系保障；其次是

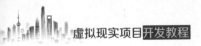

项目金额是否充足，计划项目金额和实际预算金额是否有出入，即项目的资金保障；再次就是项目周期是否能支撑项目的完成，即项目的时间保障；最后是项目的呈现方式，技术上能否满足，能否达到对方要求，即项目的技术保障。在项目策划的过程中一定要综合考量以上提到的项目的整体内容。

（2）从项目展示平台需求角度出发。VR项目主要分为三种：第一种是借助专业PC端VR设备体验的项目，现阶段大部分业务都在针对面向企业（ToB）和专业型玩家拓展；第二种是移动端的虚拟现实设备体验的项目，使用者可以通过佩戴VR一体机或安装App在手机端观察和操作虚拟现实应用；第三种是不借助任何VR设备却能在网页端展示的项目，一些虚拟现实实验，主要面对ToG市场，如政府和学校。以虚拟现实项目策划为例，根据项目需求编写思维导图，了解项目流程，例如项目需要多少个模块，每个模块又分为多少界面，以及在每一个界面中是否需要用户界面（User Interface，UI）、音效、模型、交互等。项目逻辑流程编写流畅，交互内容新颖，在VR场景交互中，体验者有自己的主观意识，可进行引导体验或者自行探索式体验，并提供相应的提示指引。为方便沟通交流，最好以原型图或参考图的形式体现项目设计需求，也可以通过勾画草图进行解释说明。根据客户的想法思路设计项目交互流程，且保证项目有可实施性。做好项目进度跟踪表，把在交互场景中所有需要的原型图、模型、UI、音频、特效等一一罗列出来。根据制作的表格开始策划编写工作。策划编写过程主要是交互逻辑的编写，对于熟悉的开发流程可自行编写，对于需要开发工程师参与的内容一定要请教。一般情况整个项目的策划都需要开发工程师的参与，因为策划的内容最终是要工程师来完成的。

（3）从项目内容角度出发。一个虚拟现实项目需要的内容包括UI、模型、动画、特效、声音、视频和脚本等，在策划的过程中很多内容都需要考虑，例如，有的UI的贴图（AR指示图，技能单击按钮等）在引擎内显示编辑过程中需要PNG格式，属于半透明状态；在一些硬件设备上，考虑模型面数控制的综合因素就是图形处理器（Graphics Processing Unit，GPU）的承载能力，所以面数过多会导致项目卡顿，面数太少会使项目锯齿化；动画的卡帧也是比较重要的问题，如骨骼的匹配和动画的灵活度、面部动画的自然程度等；特效的发射器的选择、密度和持续时长等也是需要策划实时关注的；声音有时候是否与场景搭配，有字幕的情况下是否与打印的速度一致，声音大小、情感朗诵都是策划时需要注意的；视频的清晰度、视频的长短和视频的意义是否贴合项目需求也需要策划把控；还有脚本的交互功能，若与内容开发一样，则考虑交互的意义、交互的方式和交互的效果等。

（4）从实现项目的硬件角度出发。对于开发一款VR项目，主要还是看对方需求，如果对方需要的是越省钱越好，那就直接用PC端或者AR手机端实现，不采用其他VR设备是最节省的方案；如果对方预算充沛，且内容不要求，就可以采用大屏被动投影，或者CAVE全沉浸式方案，尽量配合动捕设备完成对方硬件需求，当然也要考虑对方的实施空间大小；如果预算不多，还要求 VR 设备进行交互操作，那么尽量选择一体机方案；如果预算足够，且要求显示逼真，就需要采用 PC 端 VR 产品，可以同样的道理分析其他情况的设备硬件角度问题。

从 VR 项目设计流程看，项目拿到后首先要进行分解，把每一个功能点拆开，然后进行串联，而这样的实现方式就是流程图的呈现方式。交互按顺序执行，内容按功能点设计，效果按模块划分，结果用考核方式呈现，这是把思路快速设计出来的方法。但是仅仅设计流程，却对内容界面交互没有把控说明，这对后续开发人员来说，理解成本较高，因此还需要原型图。原型图把每个交互的界面都用 UI 和文字进行说明，相当于把流程的内容效果化，把交互的内容平面化。

由于篇幅有限，VR 项目的预算、VR 项目的交互方式等内容策划，读者自行完成。

项目策划的方式是多样化的，但是万变不离其宗，都需要按部就班地进行项目流程设计，即完成从开始的调研预期到最后的项目提交的整体项目研发流程。可以采用思维导图进行流程化设计，内容主要体现在项目的背景意义、整体框架、完成步骤、提交管理和后期维护等方面，也可以通过设计的内容预估项目成本、核算项目周期、整理项目开发资料、整合项目开发团队。

任务 1.3　虚拟现实项目提案与管理

■ 任务目标

（1）项目校核审查提案。

（2）项目设计流程和项目管理。

■ 任务分析

VR 项目完成后进行提案，审核后进行开发，开发中需要注意按照项目开发的原则进行开发，并有效协调开发人员，掌握项目管理软件并能协同开发。

任务实施

对已经完成的项目策划进行校核，与对方人员沟通策划细节，与开发人员、设计师对接项目流程，审查项目功能点，在开发人员、设计师和甲方人员都确认无误后进行提案开发，并作为开发合同的技术指标编写进合同内。提案后进入开发流程，开发中需要严格遵守开发标准，对项目进行统筹管理，方便项目后期维护和修改，同时也方便协同开发人员对功能的调用和拓展。

VR 项目设计流程按以下优先级排序：①明确职责分工，各角色在团队中需要关注的内容和分工；②设计工具的使用；③用户研究方法，用户需求管理；④设计原则、设计规范的归纳和建立。VR 项目设计的流程如图 1.4 所示。

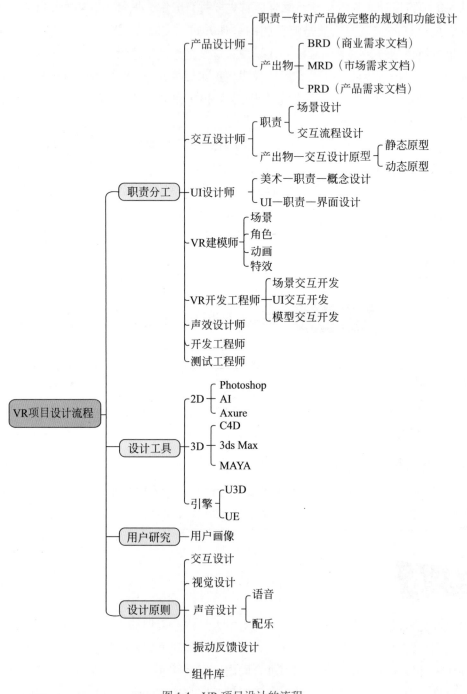

图 1.4　VR 项目设计的流程

（1）明确职责分工：首先建立工作流程，针对 VR 项目设计各个主要环节的流程及配合方式进行梳理，绘制流程图；然后梳理工作内容，主要包括流程各环节中人员职责、主要产出物和配合方式，特别是明确 VR 项目设计中各职能的责任范围、产出物。通过实际项目逐步建立起各个产出物的规范模板，将项目流程标准化。

（2）设计工具的使用：首先研究并确定需要使用哪些工具进行设计并试用；然后针对主要工具对全员进行培训，掌握工具的基本使用方法。

（3）掌握 3D 设计工具：传统的 2D 类设计软件（如 Axure）已不能快速、方便地展现 3D 空间类产品的设计思路，在 2D 的限制下做 3D 的东西，流程烦琐且没有办法迭代修改。因此各个设计环节掌握 3D 设计类工具的基础使用是非常有必要的。

（4）建立空间立体思维：最好的方式莫过于使用 3D 设计软件进行设计，在设计过程中，传统 2D 设计师能够很好地将思路拓宽到空间中进行表现。另外通过游戏引擎（如 Unity 3D）的基本学习、使用，也可以更好地帮助大家学习理解 3D 游戏、VR 产品的设计和实现原理，避免设计师的设计内容无法实现。

（5）需求池建立：针对 VR 方向的用户研究和 VR 用户需求建立框架和内容规划，梳理 VR 项目设计流程和需求池模板。需求的获取和转化是产品设计的重要工作，在之前的用户研究工作过程中，常常弱化需求部分的提炼和思考，用研中用户反馈的需求就是真正的用户需求，用研和需求设计是共通的。建立需求池，可以更加有针对性地了解虚拟现实用户到底需要什么，把用户画像、故事版等用研手段获取到的需求转化到需求池中，并进行需求的整理、沉淀，这样有利于我们后期更快速准确地设计产品。

（6）设计规范框架的制定：建立 VR 项目设计规范的框架，列举设计规范所涉及的内容和方向。目前已有的 VR 产品大部分体验不太成熟，产品体验最重要的一点是保持规范性和统一性。虚拟现实产品区别于传统互联网产品，设计者关注的不仅仅是视觉画面对使用者造成的影响，而且声音、触感和空间操控方式都会对 VR 使用者的用户体验造成巨大影响。现有可查的交互规范有 Google Cardboard 的交互设计规范，仅是针对移动端 VR 设备。因此我们希望在 VR 用户体验的学习和研究中，能够总结和发现哪些原则是不错的，适合哪一类 VR 产品。后续的任务就是对各个方向建立规范和模板，逐渐向其中填充内容，并持续进行迭代。建立各规范组件库，对同样的设计内容进行复用。

项目已经可以开发了，那么项目的职责划分是什么样的呢？

产品设计师：主要任务是功能设计、场景规划（有几个场景）和 VR 场景构建（场景平面图）。交付产品包括需求设计说明书、场景规划说明书和场景平面图。

（1）功能设计，产品应实现的功能有哪些，功能背后的业务逻辑是什么。

（2）场景规划，划分出不同的场景并进行罗列，输出场景列表。

（3）VR 场景构建，对每个场景需要实现的功能和业务逻辑进行具体描述，绘制出 2D 场景平面图，图中应包含当前场景中的所有对象。

（4）功能设计清单＋场景列表＋场景描述＝输出完整的文档（产品需求说明书）。

交互设计师：主要任务是 3D 场景优化设计、交互流程设计，主要工具有 C4D。

（1）对 3D 场景进行设计优化，搭建 3D 场景原型（C4D 完成）。

（2）细化 3D 场景。

（3）设计交互流程，完成交互设计原型文档（直接用 C4D 做好截图到 Axure 中添加交互说明）。

（4）分别把各个场景串起来，完成交互原型设计。

UI 设计师：主要针对场景交互资源进行设计及输出，使其与场景色彩功能搭配合理。

（1）参与产品需求设计，并根据产品需求进行 UI 设计。

（2）完成产品 UI 原型图和效果图设计。

（3）完成产品前端需要的各类图片设计。

（4）参与开发 UI 的颜色和款式设计。

VR 建模师：主要根据需求完成数字建模，输出对应程序开发需要的格式模型。

（1）擅长场景、道具和人物等多种画模型。

（2）能根据文字和图片描述内容设计制作出符合剧情和项目风格的角色、场景等模型。

（3）积极配合各部门给出美术帮助。

（4）具备较高的审美能力，在项目中后期给予方案效果优化。

VR 开发工程师：主要实现原型图的 3D 界面的交互，并满足客户的虚拟现实需求。

（1）参与公司 VR 项目开发，按需求进行 VR 原型系统设计与开发。

（2）参与公司 VR 项目关键技术研发工作，主要基于 VR 引擎针对 VR 产品功能模块开发。

（3）撰写 VR 引擎相关功能开发说明文档，完善相关制作规范文档。

（4）按照项目设计要求，配合团队成员对程序进行调试、修改及优化。

虚拟现实项目管理是运用相关虚拟现实知识、软硬件管理知识、技能与工具操作知识，实施项目活动中的计划、组织、领导和控制等工作，保障整个虚拟现实项目在有限的资源及时间约束下实现既定目标。虚拟现实项目管理是以软硬件为产品的项目管理，但由于虚拟现实软件特定的性质，导致开发平台多，借助设备实现功能的方案多，模型与框架优化难度大，因而这种特殊性增加了管理的难度。

虚拟现实项目管理需要对项目软件需求、项目成本、项目进度、项目风险、配置和资源、软件开发质量进行全面管理。在软件开发过程中，除了产出的源程序外，还将生成需求计划表、产品文档、产品原型图、API 文档、各种支持库等文件，而且这些文件会随着项目的推进不断变更，形成一个数量较大、种类繁多且更改频繁的项目文件库。面对这样一个复杂的文件库，如何完成对文件的有序管理、快捷查找和高效利用，成为制约虚拟现实项目开发质量的一个关键问题。所以一般采用 SVN 或者 Git 来进行项目管理。读者可以自行了解项目管理软件的具体使用流程。

◆ 项 目 总 结 ◆

通过对 VR 项目的分析可以得知项目的整体流程是需要策划的。策划按照不同模块、不同内容进行分解，先以流程图形式呈现，再通过原型图进行设计，设计完成后交给开发人员和美术人员审查实现点，最后由甲方审核通过并进行提案开发，项目开发过程中需要进行项目管理，Git 就是很好的管理工具，主要为了协同开发提供方便，了解项目开发的职责分工和项目管理原则等事项。

◆ 课 后 习 题 ◆

1. 结合所学知识，如何解决分析策划在其他角度看问题。

2. 编写一个展厅类的项目流程图，并分析项目的实现流程以及面临的困难。

3. 尝试使用 Git 完成两台计算机间的版本更新，并进行存储和读取操作。

4. 尝试使用 SVN 进行项目的协同开发，实现计算机间的项目版本更新。

5. 根据本项目所学知识，在实现交互方式不同与设备不同的情况下，分析策划的共同点和不同点。

项目2

VR+云团课教育项目开发（Unity方向）

项目导读

　　针对展陈类的 VR 项目有很多，但是特点突出的项目比较少，团课教育就是一个典型的教育题材内容。我们可以利用 VR 的方式将团课教育转变为线上展厅形式，学生们在其中学习团史和入团十步曲等。VR 云团课内容设计也是非常重要的，必须对团课教育有一定的了解才能进行开发工作。本项目将从策划、原型、场景搭建、交互实现和 VR 测试等步骤进行一一详细地阐述，内容充实，容易上手，同时可以加深学生对中国共产主义青年团发展史的认识和了解，激励学生做好一名共青团员。

学习目标

- 掌握云团课教育项目流程图和原型图的设计技巧。
- 掌握搭建云团课基础场景与交互环境的技巧。
- 熟悉 VR 交互方式的设计。
- 掌握动画系统和声音系统的交互。
- 掌握整合项目与优化资源的技巧。
- 熟练进行项目配置打包。

任务 2.1　VR+ 云团课教育项目硬件介绍与策划原型设计

VR+云团课
开端

■ 任务目标

　　（1）掌握云团课开发 VR 设备的使用方法。

（2）完成云团课教育的项目策划。

（3）完成云团课教育的原型设计。

■ 任务分析

本任务的开发设备采用 VIVE Focus，内容主要是基于 VIVE Focus 头盔理论知识，掌握其构成和了解该设备的优势；开发中需要梳理项目的整体流程，根据不同的场景进行策划形成流程图；完善的流程图为后面形成交互提供思路，根据目前掌握的思路绘制原型图，构建完整的交互组合界面，为后期开发提供依据。

知识准备

VIVE Focus 简介如下。

2017 年 11 月，HTC 正式发布 VR 一体机 VIVE Focus。VIVE Focus 不仅改进了 HTC VIVE 的佩戴方案，还搭载了实现由内向外（Inside-out）定位的大空间追踪技术。VIVE Focus 拥有自在沉浸、携带方便、佩戴舒适以及内容丰富四大优势。

在硬件配置上，VIVE Focus 搭载了高通骁龙 835 芯片，配有高分辨率 AMOLED 显示屏，可为用户带来低延迟、高清晰的绝佳体验。支持由内向外六自由度（6DoF）追踪技术，大空间（World-scale）定位，无须连接手机或计算机即可运行。VIVE Focus 拥有 VIVE Wave VR 开放平台以及 VIVEPORT 平台支持，内容丰富。

在外观上，VIVE Focus 的设计风格与 VIVE 相比更加人性化，不需要粘扣，由可调节头带与调节旋钮搞定，外部还有话筒、扬声器和存储卡槽等，如图 2.1 所示。

一体机 VIVE Focus 头盔功能展示说明如图 2.2 和图 2.3 所示。

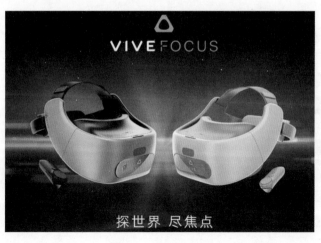

图 2.1　VIVE Focus

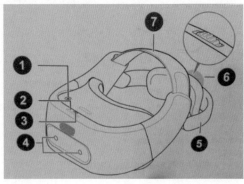

①一电源按钮
②—LED（状态灯）
③—USB Type-C接口
④一追踪感应器
⑤一后端支架
⑥一调节旋钮
⑦一可调节头带

图 2.2　VIVE Focus 头盔前景图

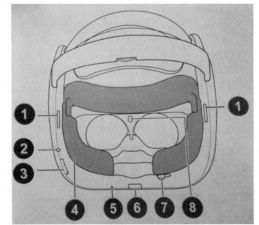

①一扬声器
②—3.5mm耳机插孔
③一音量按钮
④一面部衬垫
⑤一话筒
⑥一存储卡槽
⑦一瞳距调节滑块
⑧一距离感应器

图 2.3　VIVE Focus 头盔后景图

一体机 VIVE Focus 操控手柄功能展示如图 2.4 所示。

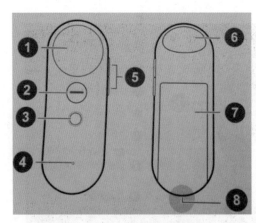

①一触摸板
②一应用程序按钮
③一主屏幕按钮
④一状态指示灯
⑤一音量按钮
⑥一扳机
⑦一电池仓
⑧一腕带孔

图 2.4　VIVE Focus 手柄功能展示图

任务实施

步骤 1　安装面部衬垫。

使用 VIVE Focus 头盔之前，先将面部衬垫安装在头盔上，如图 2.5 所示。将面部衬垫中间的卡舌卡入头盔上的槽口，将面部衬垫上的其他卡舌与头盔上的剩余卡槽对齐，然后用大拇指在面部衬垫上面按压这些区域，握住头盔，然后按下面部衬垫上的标记区域，直到听到咔嚓声，确保已将面部衬垫固定到位。

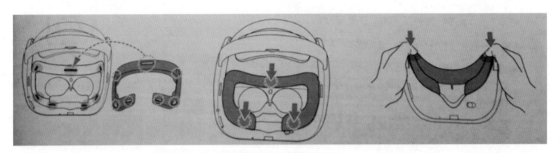

图 2.5　VIVE Focus 头盔面部衬垫安装示意图

步骤 2　设备开机调试。

将操控手柄与头盔配对：长按头盔的电源开关，然后佩戴头盔，如图 2.6 所示，长按操控手柄上的主屏幕按钮直到它振动，以打开其电源。操控手柄电源打开后，长按主屏幕按钮几秒后开始配对。配对成功时操控手柄会振动几秒。配对后，按照屏幕说明操作来完成 VIVE Focus 的设置。如果光标不在操控手柄所指的同一方向上，或者找不到光标，需重新居中操控手柄。若要重新居中，需戴上头盔后平视前方，将操控手柄指向正前方，再按主屏幕按钮大约 2s。

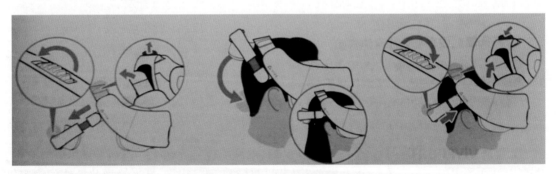

图 2.6　VIVE Focus 头盔佩戴示意图

步骤 3　头盔与无线局域网连接。

操控手柄触摸板向上或者向下滑动，滚动可查看无线局域网列表。将操控手柄射线指向所需的无线局域网名称，再按压触摸板，以选择对应的无线局域网。如果列表中没有看

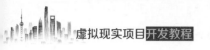

到无线局域网，通过选择更多 WiFi 找到合适的无线局域网。

步骤 4　登录 VIVEPORT。

登录 VIVEPORT 后，可以访问应用程序内容库，从中购买或者下载免费资源。打开快捷菜单，更改头盔设置，访问 VIVEPORT，前往 VIVE 首页，检查下载或者购买应用程序。在虚拟现实场景中可以随时按压主屏幕按钮来调出快捷键菜单。若要关闭快捷菜单，需再次按压主屏幕按钮，如图 2.7 所示。

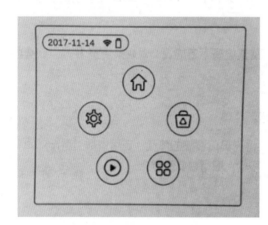

图 2.7　VIVE Focus 头盔内容显示

步骤 5　团课项目的策划与原型图设计。

根据对设备的介绍和使用，我们了解到 VIVE Focus 设备的头盔是六自由度的，手柄是三自由度的，所以采用的交互方式只能是射线的方式。射线交互方式有头盔和手柄两种方式，由于头需要旋转观看展馆内部内容，所以采用手柄射线的方式。

根据已知资料，团课教育分为三个部分：第一个部分是团史馆；第二个部分是团徽小游戏；第三个部分是入团十步曲跑酷游戏。本书从以下三个模块进行开发。

（1）第一个模块，以中国共产主义青年团历史发展的四个时期为主要内容进行开发，分别是新民主主义革命时期、社会主义革命和建设时期、改革开放和社会主义现代化建设时期，以及中国特色社会主义新时代，每个时期都有自己的特点。结合图片、文字、视频等方式在展馆中按时间顺序进行展示，其中展馆内每一张图片均有交互，都可以与手柄交互弹出对应的文字信息并进行语音朗诵，让学生知道每一个图片背后的故事。部分图片展开还会有视频说明，在设计过程中图片之间的交互展示信息是互斥的，学生也可以在展馆内自由自在地漫游观察。在项目开发前我们可以通过思维导图工具来策划此模块的内容，团史馆开发流程如图 2.8 所示。

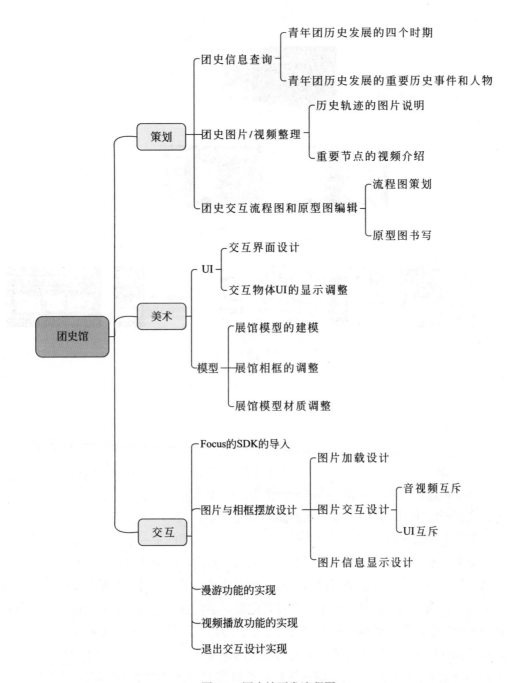

图 2.8　团史馆开发流程图

根据流程图可以构建原型图的交互逻辑设计。交互逻辑其实主要是以时间轴为主线进行展开，具体的逻辑实现需要看策划文档进行一步步编辑。需要注意的是每一个时期的交互逻辑是一样的，但是图片内容不一样，展示信息不一样，在最后一个时期会有传送门出现，然后退出游览。团史馆展示原型图如图 2.9 所示。

图 2.9　团史馆展示原型图

（2）第二个模块，以团徽小游戏为主，团徽是由五部分组成，每一个部分都有着特殊的含义。场景是以团史馆为交互场景，以团徽小游戏为主题进行设计。最开始团徽整齐摆放在面前，等待交互时可以看到团徽的意义，随后 UI 关闭。这个过程是：团徽分成五部分分散在展馆的某些角落；然后参与者去展馆进行寻找；找到后利用手柄发出的射线指向对应的部分，扣动扳机，UI 界面会展示这部分的意义并进行语音播报；最后飞往安装台等待其他部分被找到后进行组装。功能分析图如图 2.10 所示。

根据流程图的规划构建原型图界面，如图 2.11 所示。

（3）第三个模块，以入团十步曲为核心进行开发。入团的每一个步骤都是围绕严格考验一个学生是否是一个合格的团员而展开的。入团十步曲以两个场景进行布局：一个是学生最常见的教室场景，在教室里可以看到每一步需要做的事情；另一个是利用淡入淡出技术使学生进入时间的跑道场景，学生可以进行跑酷。学生挑战完成对应的入团步骤，看到每一张图片的演变过程，清晰地知道自己的定位，自己应该做什么，有哪些是该学习的榜样，以及看到哪些荣誉，最终完成十步曲的所有内容并顺利入团。项目中主要的难点是跑道运行的循环设置、时间的控制、淡入淡出的编辑和 UI 的切换等。根据已知内容，开始编辑功能分析图，如图 2.12 所示。

根据入团十步曲功能分析图设计入团十步曲的原型图，根据内容分析得知两个场景需要切换十次，而且每次都需要淡入淡出的效果，切换后场景内容需要进行变换，主线是十个步骤，分线内需要每个步骤的显示结果和策划内容一致，并且时间不宜过长，起到说明作用。在跑酷的过程中使用中国共青团团歌作为背景音乐，激发学生入团激情。以此内容进行原型图设计，如图 2.13 所示。

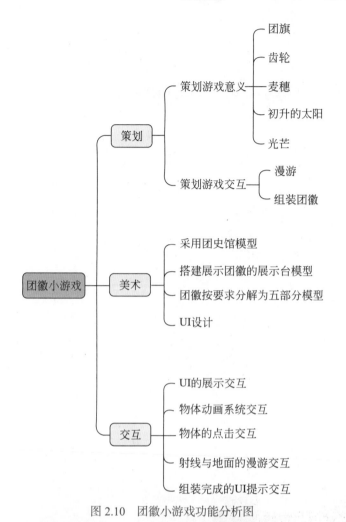

图 2.10 团徽小游戏功能分析图

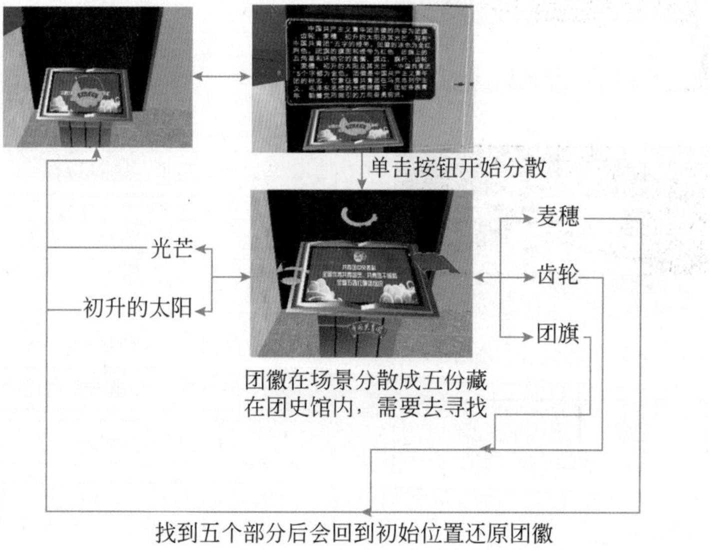

单击按钮开始分散

光芒

初升的太阳

麦穗

齿轮

团旗

团徽在场景分散成五份藏在团史馆内，需要去寻找

找到五个部分后会回到初始位置还原团徽

图 2.11 团徽小游戏原型图

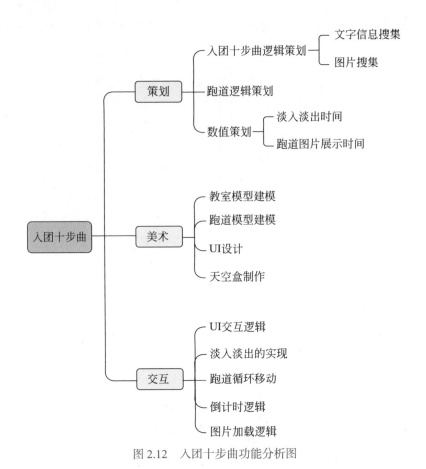

图 2.12　入团十步曲功能分析图

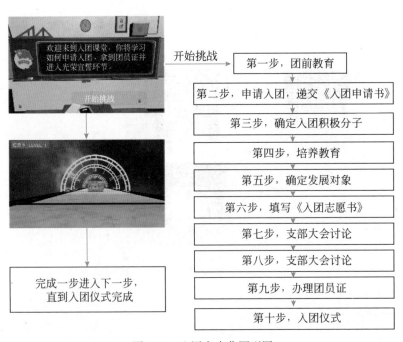

图 2.13　入团十步曲原型图

任务 2.2 搭建 Unity 引擎基础开发环境

■ **任务目标**

（1）掌握 VIVE Focus 的 SDK 下载和导入。

（2）掌握 Wave VR 预制体的使用。

（3）熟练按键交互测试。

■ **任务分析**

从 HTC 官网下载相关 VIVE Focus 开发的插件，搭建简易场景进行基础交互开发，同时对交互的方式进行代码测试。

任务实施

步骤 1 VIVE Focus 的 SDK 下载与导入。

适配 VIVE Focus 一体机的 VR 内容必须使用相应的 Wave VR SDK，下载最新的 SDK 导入 Unity 2018.3.1 开发引擎，开发 VIVE Focus 一体机的 VR 内容，获取 Wave SDK，如图 2.14 所示。

图 2.14 官网示意图

解压 SDK 后导入 Unity，会发现解压后文件夹很多，我们需要导入 SDK/Plugins/unity/ waveVR.unitypackage，只需要先熟悉 SDK 的开发规律，就可以参考案例 SDK/Plugins/ unity/sample.unitypackage 导入 Unity。

由于 VIVE Focus 是安卓（Android）的操作系统，需要下载 Android 的 SDK 和 Java 的 JDK 来支持我们开发打包。下载安装 Java 的 JDK，选择 64 位；下载安装 Android 的 SDK，不需要勾选安卓模拟器。

步骤 2　导入 Wave VR 预制体。

通过选择 Assets → Import Unity Package → Custom Package → Wave VR 导入 SDK/ Plugins/unity /waveVR.unitypackage，选择所有物体 All，单击 Import 按钮导入，如图 2.15 所示。

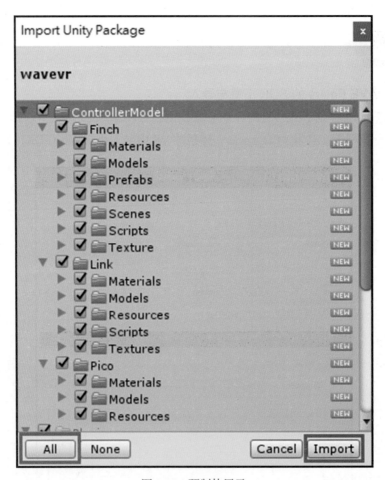

图 2.15　预制体展示

导入完成之后，删除场景中自动生成的摄像机，然后将 Wave VR 预制体经过 Assets / WaveVR / Prefabs 拖曳到场景中，如图 2.16 所示。

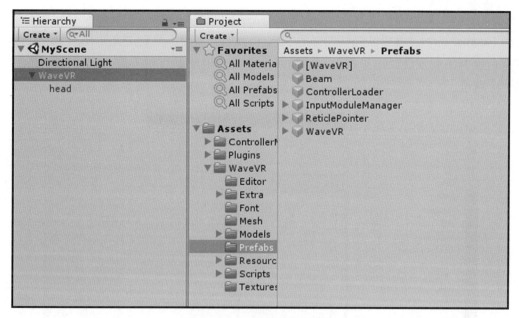

图 2.16　Wave VR 拖曳展示

步骤 3　安卓环境配置。

由于 VIVE Focus 是 Android 的操作系统，因此需要给 Unity 配置一下环境。

首先，打开 Unity，菜单栏 File/Build Settings 打开后选择 Android，必须保证 Unity 图标显示在 Android 后面。如果不能选择就说明没有 Unity，也没有安装安卓支持包，因此需要下载（Open Download Page）。下载后直接安装好，重新打开 Unity 就可以选择了，如图 2.17 所示。

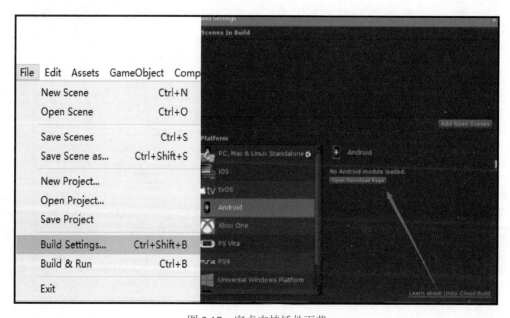

图 2.17　安卓支持插件下载

其次，安装好后需要配置 Android 环境，选择 Edit/Preferences，打开后显示一个对话框，选择 External Tools，选择已经整理好的 SDK 和 JDK，切记不要有中文路径，如果 Android 支持包没有下载安装，这里是没有空白可以填的，也就是打包不成 Android 的 APK，如图 2.18 所示。

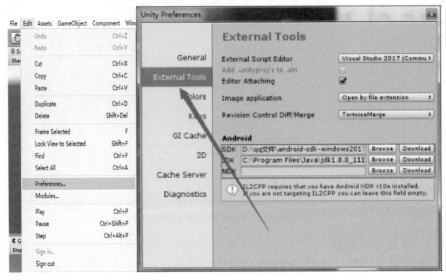

图 2.18　Android SDK 与 JDK 的添加

接着，配置好 Android 环境后，还需要进行一些项目的配置，把需要打包的场景拖曳到 Scene In Build 窗口，打包第一个场景，如图 2.19 所示。

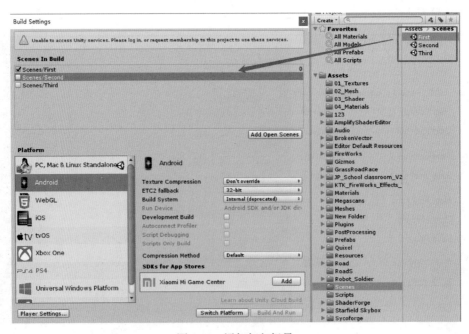

图 2.19　添加打包场景

　　然后，要确定包名，在 Build Settings 界面选择 PlayerSettings 按钮，打开针对 Android 的一系列设置，如图 2.20 所示。

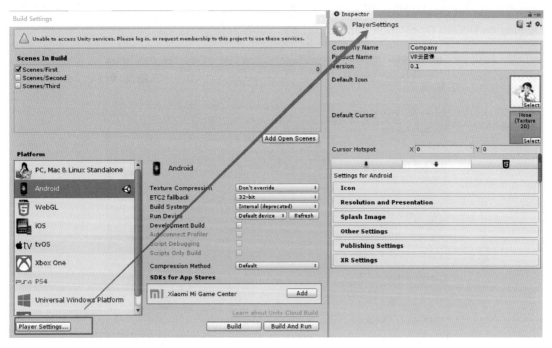

图 2.20　打包设置

　　包名设置必须为三层，可以认为包名就是一个项目的身份证。在一部手机中，如果两个安装包的包名一致，则系统就默认这两个安装包是同一款软件，所以在开发中一定要保证每个软件的包名不同，一般可以使用公司名或开发者名来命名包名。设置当前项目名称，其实就是在头盔里面显示的应用名称，应用名称可以用中文标记，并给应用添加一张 Icon 图，也就是显示应用的图片，如图 2.21 所示。

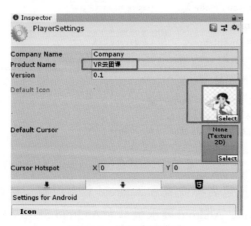

图 2.21　设置应用名称

下面介绍一下如何保证项目看到的时候是横屏显示，其实主要是针对一体机的设置，需要配置一下。把开始 Bulide Setting 的对话框打开，然后单击下面的 PlayerSettings，右侧会打开一个工具框在 Inspector 里面，选择 Settings for Android/Resolution and Presentation/Orientation/Default Orientation/Landscape Left，如图 2.22 所示。

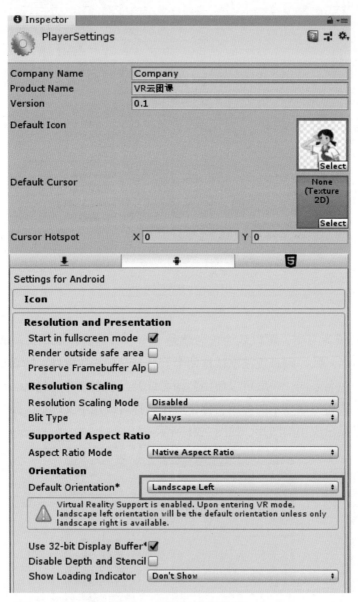

图 2.22　设置打包横屏显示

最后，对项目进行打包名称设置和 Android 版本设置。打包名称 Package Name 为 com. Company. tuanshiguan，Android 要求版本为 Android SDK 7.1，Nougat API 不低于 25 等级，Target API Level 设置为自动匹配 Automatic，如图 2.23 所示。

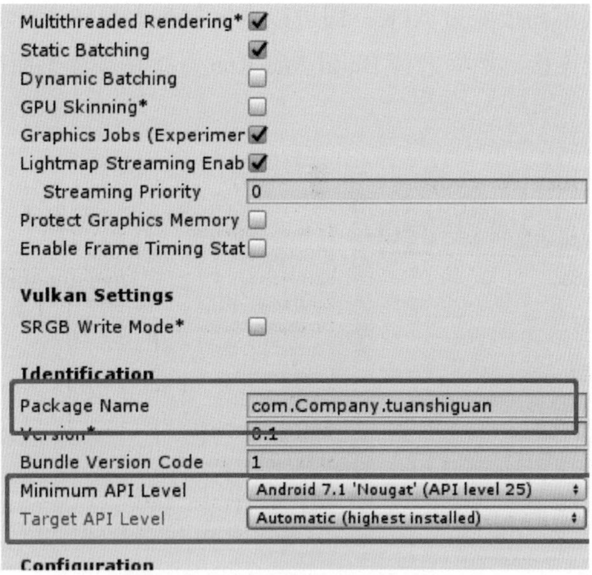

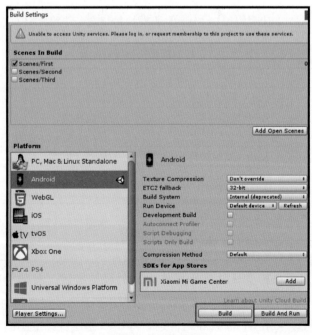

图 2.23　打包包名和安卓版本设置

步骤 4　打包测试。

有两种方法可以将项目打包出去。

第一种打包方式是先打包成 APK，然后将 APK 导入头盔，这种方法与手机安装应用的步骤是一样的。导入桌面是一个 APK，然后头盔连接计算机，获取权限，把 APK 拖曳到头盔文件夹，利用射线在头盔里面单击安装即可，如图 2.24 所示。

图 2.24　打包 APK

第二种打包方式不需要经过 APK，即可以直接在头盔看到运行的项目。首先把头盔和计算机先用数据线连接，然后选择 Build And Run 直接在头盔里面启动项目，如图 2.25 所示。

图 2.25　直接打包运行

对头盔里面运行的项目进行测试，注意交互的灵敏性是否有问题，UI 是否有遮挡，人物的高度是否有问题等，逐一排查，有问题就需要在源码里调整，并再次打包。

步骤 5　按键测试。

一般情况下，场景需要打包成 APK 格式，然后导入 VIVE Focus 里面安装才能完成按键测试。

在编辑器模式下，可以使用鼠标和键盘来模拟控制器，控制部位快捷键见表 2.1。

表 2.1　控制部位快捷键功能表

控　制　部　位	快　捷　键	对　应　功　能
头（Wave VR）	左 Ctrl + 鼠标移动	滚动
	左 Alt + 鼠标移动	偏航和俯仰
	左 Shift + 鼠标移动	移动（X, Y）位置
	左 Shift + 鼠标滚轮	移动 Z 位置
右侧控制器（WVR_CONTROLLER_FINCH3DOF_1_0_MC_R）	右键 Alt + 鼠标移动	手柄移动旋转
	鼠标右键	模拟圆盘按键
左侧控制器	鼠标左键	触摸按钮

可以在运行状态下自行尝试并熟练操作上面的模拟按键，有利于后面项目的开发测试。由于实际按键测试需要打包成 APK 格式导入 VIVE Focus 安装，因此不能通过控制台打印出按键结果，可以采用 UI 的 Text 组件运行输出。创建世界空间的 Canvas，然后调整其坐标和大小，在编辑状态下看着大小正好为宜，然后创建 Text，调整大小。

下面实操按键操作。首先创建并编辑脚本 KeyTest.cs，把该脚本挂在场景物体 Wave VR 上，这样的操作方便管理。打开脚本后需要引用命名空间 WVR，再进行编辑，如代码 2.1 所示。

【代码 2.1】

```
using System.Collections;
using System.Collections.Generic;
using UnityEngine;
using wvr;                    //VIVEFoucs 按钮控制的命名空间
using UnityEngine.UI;        //UI 操作的命名空间
public class KeyTest: MonoBehaviour
{
    private Text text;
    private WVR_DeviceType device=WVR_DeviceType.WVR_DeviceType_Controller_Right;
    //WVR_DeviceType device 对哪个设备进行操作，我们采用的默认右手柄
    void Start()
    {
      text=GameObject.Find("KeyShow").GetComponent<Text>();
       //查找面板上的 KeyShow 进行初始化
    }
}
```

下一步操作是在 Update 中实时检测按键的触发，手柄上的按键分为 Trigger（触发）、Menu（菜单）、System（系统）、TouchPad（触控板）和 Volume（体积）五种。首先检测这几个按键的触发事件。

先看一下按键控制（WaveVR_Controller）以及按键对应的枚举（WVR_InputId）值，WaveVR_Controller 是 Unity 封装好的类，里面有一个设备输入的方法，如代码 2.2 所示。

【代码 2.2】

```
public static Device Input(WVR_DeviceType deviceIndex)//参数需要哪种设备
{
    if(isLeftHanded)
    {
        switch (deviceIndex)//判断选择的是哪种设备，就对应赋值给谁
        {
          case WVR_DeviceType.WVR_DeviceType_Controller_Right:
              deviceIndex=WVR_DeviceType.WVR_DeviceType_Controller_Left;
               break;
          case WVR_DeviceType.WVR_DeviceType_Controller_Left:
              deviceIndex=WVR_DeviceType.WVR_DeviceType_Controller_Right;break;
          default:
              break;
        }
    }
```

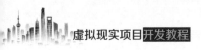

```
      return ChangeRole (deviceIndex);//告诉控制方法改变控制的设备
   }
```

枚举对应的按键的值，如代码 2.3 所示。

【代码 2.3】

```
public enum WVR_InputId
{
   WVR_InputId_0=0,
   WVR_InputId_1=1,
   WVR_InputId_2=2,
   WVR_InputId_3=3,
   WVR_InputId_4=4,
   WVR_InputId_5=5,
   WVR_InputId_6=6,
   WVR_InputId_7=7,
   WVR_InputId_8=8,
   WVR_InputId_9=9,
   WVR_InputId_16=16,
   WVR_InputId_17=17,
   //alias group mapping
   WVR_InputId_Alias1_System     =WVR_InputId_0,
   WVR_InputId_Alias1_Menu       =WVR_InputId_1,
   WVR_InputId_Alias1_Grip       =WVR_InputId_2,
   WVR_InputId_Alias1_DPad_Left  =WVR_InputId_3,
   WVR_InputId_Alias1_DPad_Up    =WVR_InputId_4,
   WVR_InputId_Alias1_DPad_Right =WVR_InputId_5,
   WVR_InputId_Alias1_DPad_Down  =WVR_InputId_6,
   WVR_InputId_Alias1_Volume_Up  =WVR_InputId_7,
   WVR_InputId_Alias1_Volume_Down=WVR_InputId_8,
   WVR_InputId_Alias1_Bumper     =WVR_InputId_9,
   WVR_InputId_Alias1_Touchpad   =WVR_InputId_16,
   WVR_InputId_Alias1_Trigger    =WVR_InputId_17,
   WVR_InputId_Max  =32,
}
```

从代码 2.3 可以看出，对应的每一个按键都可以用一个数值代替，在编写时尽量用对应的原始值，这样方便读懂代码。接下来进行测试，如代码 2.4 所示。

【代码 2.4】

```
void Update()
{
```

```
    //先测试 Trigger 键的触发（按下、持续按照、抬起三种状态）
    if(WaveVR_Controller.Input(device).GetPressDown(WVR_InputId.WVR_
    InputId_Alias1_Bumper))
    {
            //WaveVR_Controller控制输入脚本,Input()输入设备,GetPressDown()按下,括
                号内就是按下的哪个键
            text.text=" 您按下了 Trigger 键 ";
    }
    if(WaveVR_Controller.Input(device).GetPressUp(WVR_InputId.WVR_
    InputId_Alias1_Bumper))
    {
            text.text=" 您抬起了 Trigger 键 ";
    }
    if(WaveVR_Controller.Input(device).GetPress(WVR_InputId.WVR_InputId_
    Alias1_Bumper))
    {
            text.text=" 您持续按下了 Trigger 键 ";
    }
}
```

将该场景保存为 MyScene，然后打包出去，可参考步骤 3 和步骤 4 打包环境配置，把 VIVE Focus 设备与计算机主机用 USB 连接，在头显中选择数据传输，这样计算机就可以读出对应的设备。把 APK 包放进头显中，戴上头盔用手柄选择安装打开，按一下 Trigger 看有没有变化，如果 Text 显示的内容与对应的按键状态内容相符，就说明成功了。

Trigger 键测试完成后，就把其他键也一次性测试完毕，如代码 2.5 所示。

【代码 2.5】

```
void Update(){
    if(WaveVR_Controller.Input(device).GetPressDown(WVR_InputId.WVR_InputId_
Alias1_Touchpad))
    {
        text.text=" 您按下了圆盘键 ";
    }
    if(WaveVR_Controller.Input(device).GetPressUp(WVR_InputId.WVR_InputId_
Alias1_Touchpad))
    {
        text.text=" 您抬起了圆盘键 ";
    }
    if(WaveVR_Controller.Input(device).GetPress(WVR_InputId.WVR_InputId_
Alias1_Touchpad))
    {
        text.text=" 您持续按下了圆盘键 ";
    }
    if(WaveVR_Controller.Input(device).GetPressDown(WVR_InputId.WVR_InputId_
Alias1_Menu))
    {
```

```
        text.text=" 您按下了菜单键 ";
    }
    if(WaveVR_Controller.Input(device).GetPressUp(WVR_InputId.WVR_InputId_
Alias1_Menu))
    {
        text.text=" 您抬起了菜单键 ";
    }
    if(WaveVR_Controller.Input(device).GetPress(WVR_InputId.WVR_InputId_
Alias1_Menu))
    {
        text.text=" 您持续按下了菜单键 ";
    }
    if(WaveVR_Controller.Input(device).GetPressDown(WVR_InputId.WVR_InputId_
Alias1_Volume_Down))
    {
        text.text=" 音量调小 ";
    }
    if(WaveVR_Controller.Input(device).GetPressDown(WVR_InputId.WVR_InputId_
Alias1_Volume_Up))
    {
        text.text=" 音量调大 ";
    }
}
```

所有按键的抬起、按下基本都测试了，圆盘键实际上是上、下、左、右四个键值组合起来的，可以把整个按键看成四部分去触发，如代码 2.6 所示。

【代码 2.6】

```
if(WaveVR_Controller.Input(device).GetPress(WVR_InputId.WVR_InputId_
Alias1_DPad_Left))
{
    text.text=" 您按下了圆盘左键 ";
}
if(WaveVR_Controller.Input(device).GetPress(WVR_InputId.WVR_InputId_
Alias1_DPad_Right))
{
    text.text=" 您按下了圆盘右键 ";
}
if(WaveVR_Controller.Input(device).GetPress(WVR_InputId.WVR_InputId_
Alias1_DPad_Up))
{
    text.text=" 您按下了圆盘上键 ";
}
if(WaveVR_Controller.Input(device).GetPress(WVR_InputId.WVR_InputId_
```

```
Alias1_DPad_Down))
{
    text.text=" 您按下了圆盘下键 ";
}
```

这是对按键的检测，如果想通过键盘输入获取轴值的方式来获取圆盘轴值，可以通过代码 2.7 进行操作。

【代码 2.7】

```
//获取水平轴值
 float horizontal=WaveVR_Controller.Input(device).GetAxis(WVR_InputId.
WVR_InputId_Alias1_Touchpad).x;
//获取垂直轴的值
float vertial = WaveVR_Controller.Input(device).GetAxis(WVR_InputId.WVR_
InputId_Alias1_Touchpad).y;
text.text=" 水平轴值: " + horizontal + " 垂直轴值: " + vertial;
//如果只是想触摸圆盘就有值的话就需要我们换一种触发方式，如下
if(WaveVR_Controller.Input(device).GetTouch(WVR_InputId.WVR_InputId_
Alias1_Touchpad))
    {
        text.text=" 您触摸了圆盘键 ";
    }
```

明白了按键原理，可以尝试着做一些改变而不是单纯地输出内容，单击 Trigger 改变 Cube 的颜色，单击菜单键激活失活 Cube，如代码 2.8 所示。

【代码 2.8】

```
using System.Collections;
using System.Collections.Generic;
using UnityEngine;
using wvr;
public class CubeTest:MonoBehaviour {
    private WVR_DeviceType device=WVR_DeviceType.WVR_DeviceType_Controller_
    Right;
    private GameObject cube;
    int id=0;                 //trigger 单击次数决定变化颜色
    bool cubeEnable=false;    //判断是否激活
    void Start()
    {
        cube=GameObject.CreatePrimitive(PrimitiveType.Cube);//创建一个 Cube
    }
```

```
    void Update()
    {
        if(WaveVR_Controller.Input(device).GetPressDown(WVR_InputId.WVR_
        InputId_Alias1_Bumper))
        {
            if(cube!=null)
            {
                id++;
                if(id == 1)
                {
                    cube.GetComponent<MeshRenderer>().material.color=Color.red;
                }
                if(id == 2)
                {
                    cube.GetComponent<MeshRenderer>().material.color=Color.green;
                    id=0;//保证可以循环单击
                }
            }
        }
        if(WaveVR_Controller.Input(device).GetPressDown(WVR_InputId.WVR_
        InputId_Alias1_Menu))
        {
            if(cube)//如果 Cube 存在的情况下可以对其操作
            {
                if(!cubeEnable)
                {
                    cube.SetActive(false);
                    cubeEnable=true;
                }
                else
                {
                    cube.SetActive(true);
                    cubeEnable=false;
                }
            }
        }
    }
}
```

步骤 6　射线测试。

将 Controller Model/Finch /Resources/WVR_CONTROLLER_FINCH3DOF_1_0_MC_R 和 Wave VR/Prefabs/ Input Module Manager 放在 Wave VR 下面，作为它的子物体。观察 Input Module Manager 预制体，它的组件 Physics Raycaster 用于物理射线检测信息，Wave VR_Input Module Manager 用于输入管理，可以通过勾选 Enable Gaze 来启用凝视功能，并通过选择 Enable Controller 来启用控制器输入模块。如果勾选 Enable Gaze，就可以操作眼睛的注视角度和位置；如果选择 Enable Controller，就可以通过手柄发出去的射线来控制选中物体的操作，这里需要注意的是，导入的是 WVR_CONTROLLER_FINCH3DOF_1_0_MC_R，需要把该预制体拖到 Right Controller 里面，如果用的是左手预制体，就放到 Left Controller 里面。

上面的操作比较烦琐，其实只需要给右手预制体换成 ControllerLoader 就不需要拖曳右手预制体了，因为它可以自动识别加载手柄的模型，如图 2.26 所示。

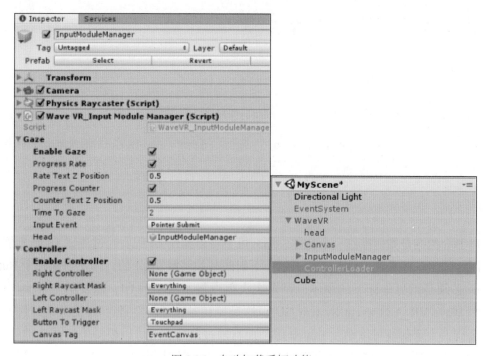

图 2.26　自动加载手柄功能

创建一个 Cube，通过射线扫到 Cube 并让其旋转，射线离开后不旋转。如图 2.27 所示，给 Cube 添加 WaveVR_EventHandler 脚本，设置控制方式为手柄，然后运行程序，可以看到 Cube 在旋转。

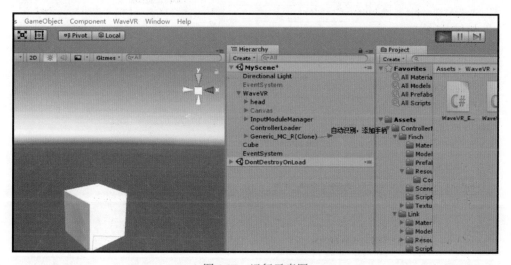

图 2.27　运行示意图

代码 2.9 中给出射线的触发事件，所以 Cube 会旋转。

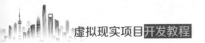

【代码 2.9】

```
public class WaveVR_EventHandler: MonoBehaviour,
    IPointerEnterHandler,
    IPointerExitHandler,
    IPointerDownHandler,
    IBeginDragHandler,
    IDragHandler,
    IEndDragHandler,
    IDropHandler,
    IPointerHoverHandler                //调用射线接口
{
    public void OnPointerHover(PointerEventData eventData)//射线覆盖就会旋转
    {
        transform.Rotate(0,12*(10*Time.deltaTime),0);
    }
}
```

　　以上介绍的是如何操作一个物体，那么可不可以操作 UI 呢？经过测试 UI 是不能单击的，因为缺乏一些关键组件。下面演示一下射线是如何触发 UI 的。首先创建一个 Button，Canvas 必须是世界坐标下的物体，否则在头盔中根本看不到 UI，需要给 Canvas 添加一个脚本 Wave VR_Add Event System GUI，这是控制射线可以检测到 UI 的关键组件，再次模拟运行，发现射线可以触发 Button 了，而且通过鼠标右键可以模拟手柄圆盘键的单击。可以做一个小测试，通过射线检测到 Button 后变色，右击 Button 会再次变色，同时让场景中的 Cube 变色，如图 2.28 所示。

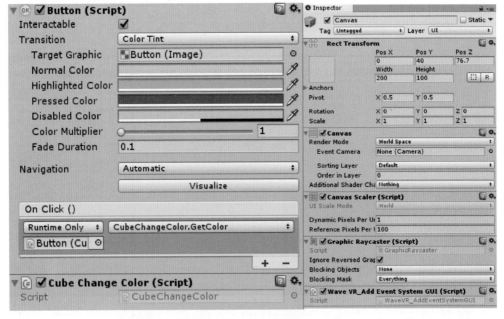

图 2.28　Button 调节

任务 2.3　创建工程，导入美术素材、集合模型及制作

■ 任务目标

（1）完成场景一团史馆的创建，并贴上对应的贴图。

（2）完成场景二团徽小游戏的创建，将团徽分成五个部分，并进行寻找交互。

（3）完成场景三入团十步曲的创建，场景内容导入，场景布置。

■ 任务分析

项目共分为三个场景进行交互，本任务是完成三个场景的搭建。场景一模型导入后要注意贴图和灯光的控制，有的贴图是曲面的需要微调，有的图片大小不合适需要拉伸，有的空间复杂需要环境光的调整。场景二需要注意团徽摆放位置的选择，方便交互并可以展示良好的空间效果。场景三需要注意跑酷的跑道无缝连接和场景淡入淡出的搭建。

任务实施

三个场景均已搭建完毕，紧接着就是对场景内容的交互了。场景一主要是对场景图片的交互，场景二是对场景内团徽的每一个部分的交互，场景三是对按钮的交互以及人物与场景的碰撞交互。交互内容采用射线检测来完成，把 UI 也看成物体来进行交互，那么可以通过单独编写射线通用脚本来贯穿所有场景的交互。

步骤 1　创建场景一。

根据原型图可知需要一个展馆，然后在展馆内完成中国共青团的历史发展以及一些特殊大事件的记录。根据已经掌握的建模技术，对展馆进行建模，展馆布局可以根据自己的需求去进行建模，内容分成三个部分：新民主主义革命时期（见图 2.29）、社会主义革命和建设时期（见图 2.30）和改革开放新时期（见图 2.31）。

首先，打开 Unity 并新建项目（命名为 First），然后打开项目导入已经准备好的资源，如图 2.32 所示。

其次，根据团史馆四个分区进行贴图操作。

注意，在贴图过程中要考虑两个问题：图片粘贴曲面（见图 2.33）与平面（见图 2.34）的问题，图片亮度的问题。曲面采用 JPG 图片赋予材质的方式；平面采用 UI 中 Image 的显示方式，方便调节。另外，凡是 Image 的显示部分均添加组件 Box Collider，文字显示部分均用 Text 表示，方便后面射线单击交互。

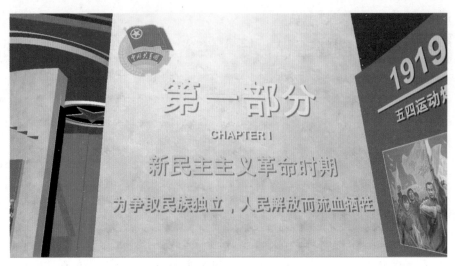

图 2.29　第一部分展示图

图 2.30　第二部分展示图

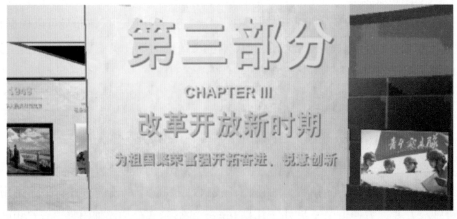

图 2.31　第三部分展示图

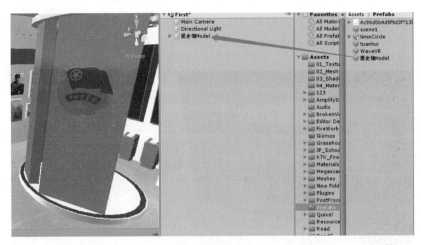

图 2.32　团史馆导入

图 2.33　曲面墙展示图

图 2.34　平面 UI 展示图

再次，添加并调节环境光，对材质以及周围环境进行微调，使场景显得明亮，如图 2.35 所示。

图 2.35　环境添加展示图

接着，导入 VIVE Focus 的 SDK 3.16，然后把 WaveVR 和相对应的预制体拖曳进 Scene 里面，删除原来的摄像机，如图 2.36 所示。

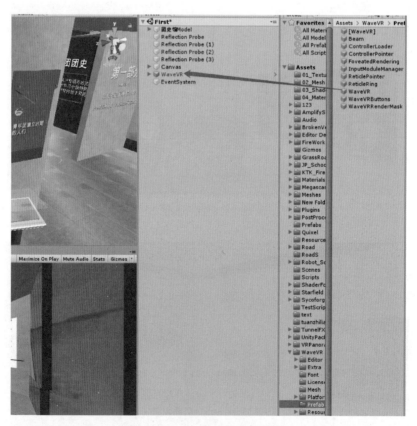

图 2.36　WaveVR 拖曳展示图

最后，配置 Focus 触发环境的内容，需要把手柄拖曳到 WaveVR 下面（见图 2.37），用于射线发出交互的部分，因此 WaveVR 的交互是采用手柄射线方式。

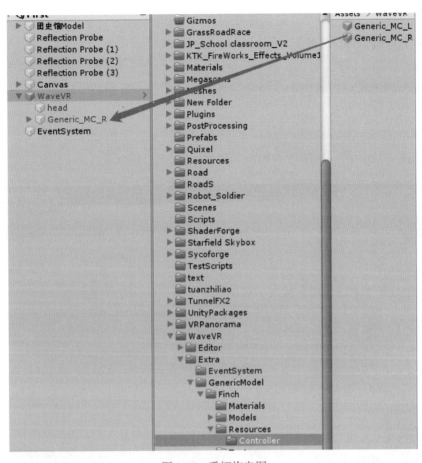

图 2.37 手柄拖曳图

步骤 2 创建场景二。

场景二展现了团徽小游戏的内容，主要是针对团徽的摆放和场景进行显示。采用团史馆的模型场景，结合拼好的团徽为主要模型场景进行搭建，如图 2.38 所示。

图 2.38 团徽近景位置展示图

　　然后就是场景二的交互了，后面任务中会讲到对应的内容，场馆内还需要预设添加需要交互的部分的碰撞体，方便后面进行射线交互操作。

　　步骤 3　创建场景三。

　　根据原型图设计可以看出第三个场景是入团十步曲。采用两个环境场景来进行操作：其中一个环境场景是教室，在教室内学习入团十步曲的步骤；另一个是进入跑酷场景完成入团步骤里面的每一步的游戏，同时学习怎样才能满足入团的要求，最终完成入团过程，教室场景如图 2.39 所示，跑酷场景如图 2.40 所示。

图 2.39　入团十步曲教室场景示意图

图 2.40　入团十步曲跑酷场景示意图

在教室里需要把 UI 摆放到黑板上，并针对 UI 的按钮交互加入盒子碰撞器（Box Collider），这样就可以交互了。对于跑酷场景，需要把准备好的图片摆放在跑道上，后期写代码时会根据不同的入团步骤加载相对应的图片并作为障碍物进行观看学习。

任务 2.4 动画与音视频添加

■ 任务目标

（1）完成场景一内音频与视频的添加。

（2）完成场景二内动画与音频的添加。

（3）完成场景三内淡入淡出效果与跑道动画的制作以及音频的控制。

■ 任务分析

在 VR 项目里，添加音乐是很有必要的，以此帮助项目处于沉浸环境，平滑过渡虚实环境，同时，必要的动画也会让里面枯燥的静态物体变得生动起来。场景二的团徽就是动画的展现，视频的播放模拟了真实展馆的必要因素，更是对展馆部分内容的强有力的说明。虚拟现实要想产生沉浸的感觉，就需要动静结合，音频、视频和动画就是沉浸的重要组成部分。

任务实施

步骤 1　场景一内音频与视频的添加。

团史馆展示的是中国共青团的发展历史，可以在参观过程中添加一些鼓舞斗志的音乐，以彰显共青团斗志昂扬的精神，激发观看者的兴趣，帮助参观者学习共青团团史。声音控制应选用全局音乐，这里选择场景中的固定模型"团史馆 Model"添加并设置 Audio Source 组件，并选择资料里的共青团团歌作为背景音乐来进行添加，如图 2.41 所示。

团史馆内也有一些大屏展示的图片，图片内容有时并不能全部展现里面的信息，此时就需要借助视频文字等方式来体现。这里采用一个大屏进行单击用于播放视频（单击功能会在下一节讲到），先添加视频，并进行预览。找到对应的大屏，并给大屏挂载组件 Video Player，然后把对应的视频拖曳到 Video Clip 上，如图 2.42 所示。

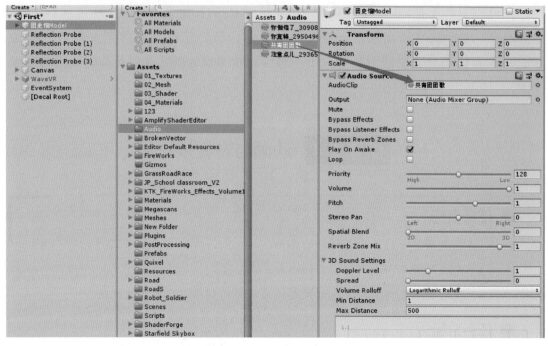

图 2.41　添加背景音乐

图 2.42　添加视频介绍

步骤 2　场景二内动画与音频的添加。

场景二是针对团徽组装小游戏来完成的，里面采用的是团史馆的场景，只是团史馆里面的交互功能不会在这里面体现。这个场景主要是了解团徽的组成意义，过程是：开始可以在团史馆漫游，当走到团徽面前时，团徽会分成五个部分分散在团史馆的某些角落，然后进行寻找，如图 2.43 所示。这里团徽分散开来需要动画系统来完成，同时背景音乐也应该全程播放。

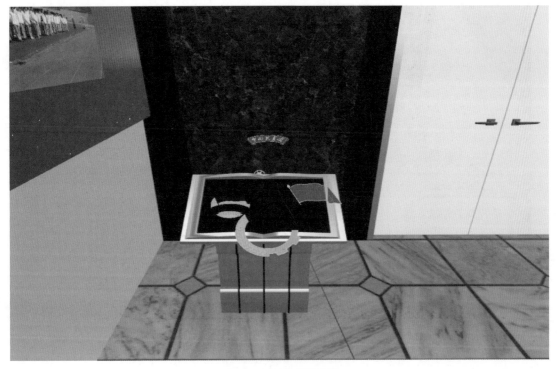

图 2.43　团徽开始分散

那怎么做到团徽分散的呢？把团徽的五个部分放到一个空物体下面，这时整个空物体就是团徽，根据 K 帧动画的方法可以直接通过 K 帧父物体完成所有子物体的 K 帧。首先找到父物体 TogetherTuanHui，然后给其添加 Animator 动画组件（见图 2.44），通过选择父物体，然后选择快捷键 Ctrl+6 创建动画控制器，并创建动画片段，给其子物体做分开动画，如图 2.45 所示。

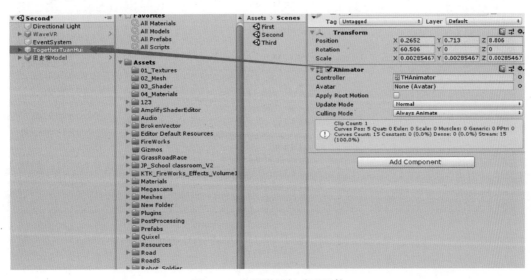

图 2.44　给团徽添加动画组件

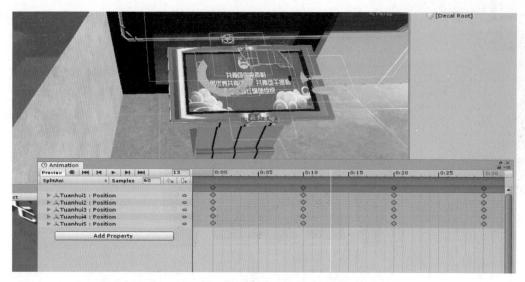

图 2.45　给团徽的五个组成部分做分开动画

在展馆内可以延续使用团史馆内的共青团团歌作为背景音乐进行播放，在与团徽部分交互时也可以添加与其碰撞的声音。

步骤 3　场景三内动画以及音频的控制。

场景三主要分成两个模块：一个是教室；另一个是跑酷跑道。两个模块之间采用屏幕变黑变亮进行切换，这个切换需要代码解决。另外跑道的循环动画也是由代码来完成的，实际上人不动，让场景循环移动。我们先完成动画部分。因为动画是根据摄像机眼前的视野变化的，所以场景二和场景三都需要导入 WaveVR（详情见任务 2.3），如图 2.46 所示。

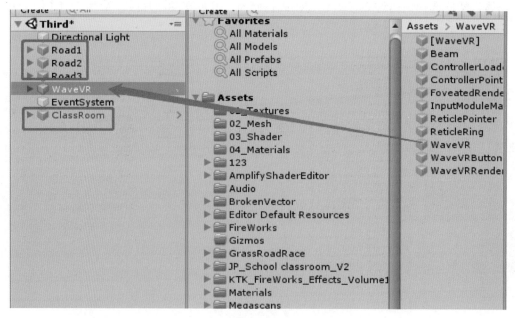

图 2.46　场景三导入 WaveVR

针对性地把 WaveVR 的 head 用 6 个 Image 包裹，模拟眼前亮度的淡入淡出效果，如图 2.47 所示。

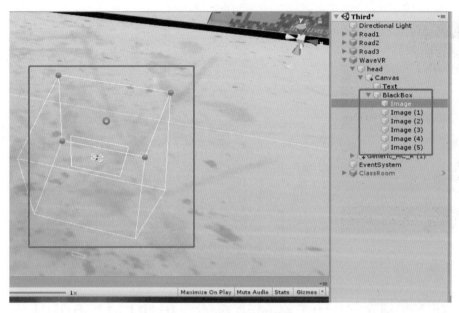

图 2.47　淡入淡出的效果

因为这些黑色与白色之间的切换关系需要代码控制，所以需要在交互控制时一起添入对应的信息。

跑道由 Road1、Road2 和 Road3 三部分组成，需要三个部分循环播放才能实现跑道的一直移动。我们将采用代码控制跑道的移动，跑道障碍物是每个入团步骤对应的图片，所以到哪一步就需要激活对应的那些图片，如图 2.48 所示。

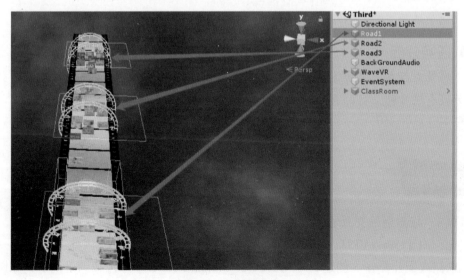

图 2.48　跑道循环布置

然后就是对场景音频的控制，在场景里面有背景音乐，也有碰到障碍和过关的提示音乐，所以音乐可以单独管理也可以集合管理，场景三添加背景音乐如图 2.49 所示。

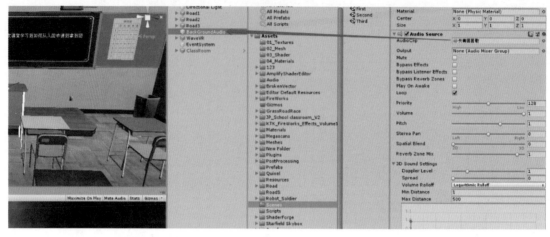

图 2.49　场景三添加背景音乐

任务 2.5　添加手柄射线系统，射线与 UI 和物体交互

■ 任务目标

（1）场景射线交互通用脚本的编写。

（2）场景一 UI 设计及物体的交互。

（3）场景二 UI 设计及物体的交互。

（4）场景三 UI 设计及动画系统的完成。

■ 任务分析

场景内存在三维物体和二维 UI，如果想让其产生变化就需要与手柄交互，交互的方式有很多种，利用通用射线检测来完成场景内交互内容。

任务实施

步骤 1　场景射线交互通用脚本的编写。

首先，由于 WaveVR 自身携带的脚本对 UI 交互不是很友好，因此需要添加一条射线脚本来完成交互操作。创建脚本 Wave VR_Simple Pointer，并挂载到手柄上，如图 2.50 所示。

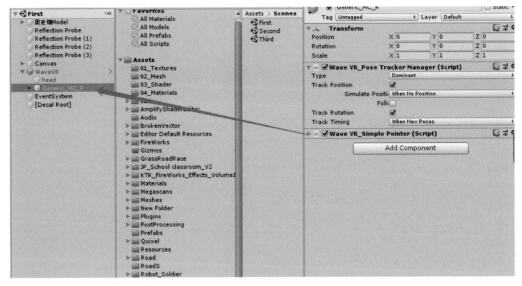

图 2.50 添加射线脚本

其次，通过基础知识的学习我们了解到一般制作射线采用 LineRender 组件，然而此项目开发射线将用 Cube 编辑，控制 Cube 的长度和宽度来编辑射线的粗细和长短。如果需要射线，只要初始化射线脚本并放在 OnEnable 里面，当运行项目时即可激活射线。最后，对射线脚本进行编辑。射线的材质可以通过 Resources 进行加载，方便快捷，先把变量和材质获取定义出来，如代码 2.10 所示。

【代码 2.10】

```
public class WaveVR_SimplePointer:MonoBehaviour
{
    public float pointerThickness=0.002f;
    public float pointerLength=100f;
    private Material customPointerMaterial;          //射线的正常材质
    public Material pointerMaterial;                 //射线材质
    void OnEnable()
    {
        var tmpMaterial=Resources.Load("str") as Material;  //首先加载材质
        if(pointerMaterial != null)//如果当前已经有材质了就用现有的
        {
            tmpMaterial=pointerMaterial;
        }
        pointerMaterial=new Material(tmpMaterial);   //如果没有就用加载的材质
        pointerMaterial.color=pointerMissColor;      //材质的颜色定义为没有扫到
                                                       目标点的颜色

        InitPointer();
    }
}
```

给射线赋予颜色，如代码 2.11 所示。

【代码 2.11】

```
public Color pointerHitColor=new Color(0f, 0.5f, 0f, 1f); //单击颜色
public Color pointerMissColor=new Color(0.8f, 0f, 0f, 1f);//丢失颜色
```

实例化射线的整体如代码 2.12 所示。

【代码 2.12】

```
private GameObject pointerHolder;        //射线起点
private GameObject pointer;              //射线
private GameObject pointerTip;           //射线尖端
//射线尖端大小
private Vector3 pointerTipScale=new Vector3(0.05f, 0.05f, 0.05f);
```

射线由小球和 Cube 组成，它们的父物体是 Generic_MC_RHolder（这是空物体），这个射线又是手柄的其中一个子物体，也就是脚本所在的物体下面，World Pointer 是材质球。生成之后需要把碰撞体失活，以免后面影响刚体物体，如代码 2.13 所示。

【代码 2.13】

```
void OnEnable()
{
    //首先加载材质
    var tmpMaterial=Resources.Load("WorldPointer") as Material;
    if(pointerMaterial != null)                  // 如果当前已经有材质了就用现有的
    {
        tmpMaterial=pointerMaterial;
    }

    pointerMaterial=new Material(tmpMaterial);       //如果没有就用加载的材质
    pointerMaterial.color=pointerMissColor;          //材质的颜色定义为没有扫到目
                                                       标点的颜色

    InitPointer();
}
void InitPointer()
{
    pointerHolder=new GameObject(string.Format("[{0}]Holder",gameObject.
    name));                                          //给生成的空物体起名字
    pointerHolder.transform.parent=transform;        //空物体的父物体是手柄
    pointerHolder.transform.localPosition=Vector3.zero;

    pointer=GameObject.CreatePrimitive(PrimitiveType.Cube);//生成 Cube
    pointer.transform.name=string.Format("[{0}]Pointer", gameObject.name);
```

```
pointer.transform.parent=pointerHolder.transform;
pointer.GetComponent<BoxCollider>().enabled=false;
if(customPointerCursor == null)
{
    //生成小球
    pointerTip=GameObject.CreatePrimitive(PrimitiveType.Sphere);
    pointerTip.transform.localScale=pointerTipScale;
}
pointerTip.transform.name=string.Format("[{0}]WorldPointer_SimplePointer_
PointerTip", gameObject.name);
pointerTip.transform.parent=pointerHolder.transform;
pointerTip.GetComponent<Collider>().enabled=false;
}
```

运行 Unity 结果如图 2.51 所示。

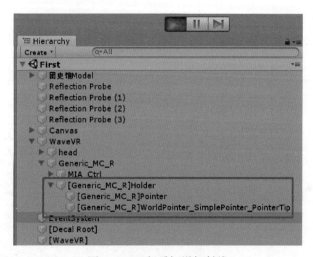

图 2.51　运行手柄增加射线

接下来需要设置射线的起点、终点宽细等内容。考虑射线的长度和宽度，定义带有长宽参数的方法 SetPointerTransform (float setlength，float set Thicknes)，设置射线长度和宽度，放在 InitPointer() 方法内进行调用，如代码 2.14 所示。

【代码 2.14】

```
private void SetPointerTransform(float setLength, float setThicknes)
{
    var beamPosition=setLength / (2+0.00001f);
    pointer.transform.localScale=new Vector3(setThicknes, setThicknes,
setLength);     //射线的宽度
    //射线的坐标
    pointer.transform.localPosition=new Vector3(0f, 0f, beamPosition);
    pointerTip.transform.localPosition=new Vector3(0f,0f,setLength-(pointerTip.
```

```
transform.localScale.z/2));                    //顶端小球坐标
    pointerHolder.transform.localRotation=Quaternion.identity;//自身角度不变
    }
```

此时运行 Unity 会有两条射线，我们需要修复一下，如代码 2.15 所示。

【代码 2.15】

```
void OnDisable()
{
    if(pointerHolder != null)
    {
        Destroy(pointerHolder);
    }
}
```

在 Resources 文件夹内添加一个材质球命名 World Pointer，此时运行的效果就是一根红色的线，如图 2.52 所示。

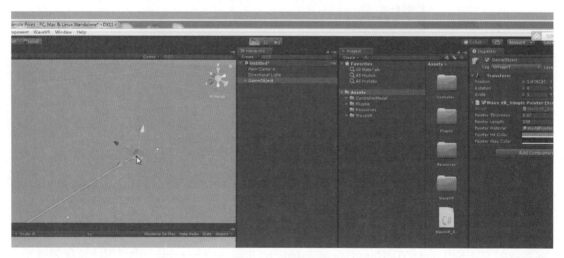

图 2.52　射线测试

前面射线已经模拟成功，下面将针对已经做好的射线结合射线检测一起使用来完成真实的射线检测：Ray 需要由手柄发射出去，并且可以定义射线的检测层级，方便后面开发直接选择，然后根据射线检测的定义与方法定义射线检测，如代码 2.16 所示。

【代码 2.16】

```
public LayerMask layersToIgnore=Physics.IgnoreRaycastLayer;   //定义检测层
void Update()
{
    if(pointer.gameObject.activeSelf)
    {
```

```
    Ray pointerRaycast=new Ray(transform.position, transform.forward);
    RaycastHit pointerCollidedWith;
    var rayHit=Physics.Raycast(pointerRaycast,out pointerCollidedWith,
pointerLength,~layersToIgnore);//波浪线代表除了这个层其他层都可以检测
    }
}
```

定义一个新方法 GetPointerBeamLength (bool has RayHit，RaycastHit collidedwith) 用于射线检测。可以根据碰撞到的东西，拉远和缩短自身的射线。定义一些交互变量，然后编写方法，如代码 2.17 所示。

【代码 2.17 】

```
public Color pointerHitColor=new Color(0f, 0.5f, 0f, 1f);  //单击颜色
public Color pointerMissColor=new Color(0.8f, 0f, 0f, 1f);//丢失颜色
public Color pointerModel=new Color(0f, 0.6f, 0.8f, 1f);
float pointerContactDistance=0f;                              //射线端的距离
Vector3 destinationPosition;                                  //目标点坐标
Transform detalhititem=null;                                  //碰到的物体
Vector3 detalhitpos=Vector3.zero;                             //命中坐标
float detaldistance=0f;                                       //距离
Transform previousTarget=null;                                //之前的坐标
private float GetPointerBeamLength(bool hasRayHit, RaycastHit collidedWith)
{
    var actualLength=pointerLength;
    if(!hasRayHit||(pointerContactTarget&&pointerContactTarget!=collidedWith.
transform))
    {
        pointerContactDistance=0f;
        pointerContactTarget=null;
        destinationPosition=Vector3.zero;
        detalhititem=null;
        UpdatePointerMaterial(pointerMissColor);
    }
    if(hasRayHit)
    {
        pointerContactDistance=collidedWith.distance;
        pointerContactTarget=collidedWith.transform;
        destinationPosition=pointerTip.transform.position;
        detalhititem=collidedWith.collider.transform;
        detalhitpos=collidedWith.point;
        detaldistance=collidedWith.distance;
        UpdatePointerMaterial(pointerHitColor);
    }
    if(hasRayHit&&pointerContactDistance < pointerLength)
    {
```

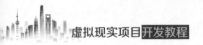

```
        actualLength=pointerContactDistance;
    }
    return actualLength;//根据射线检测的目标返回对应长度
}
```

这样在检测射线时直接调用代码 2.17 这个方法就可以了。接下来需要扫到射线与没有扫到射线来变换射线的颜色，扫到为绿色，没扫到是红色，如代码 2.18 所示。

【代码 2.18】

```
void UpdatePointerMaterial(Color color)
{
    pointerMaterial.color=color;
    SetPointerMaterial();
}
```

射线碰撞到的物体信息可以通过定义方法进行获取，但是具体获得的信息可以通过结构体进行存储，方便管理和调用。创建新的脚本 RayEvent，并定义两个结构体：结构体 RayClickedArgs 用于检测碰撞到的物体信息；结构体 RayPointerArgs 用于表达射线信息，如代码 2.19 所示。

【代码 2.19】

```
public struct RayClickedArgs          //射线碰撞到的物体信息
{
    public WVR_DeviceType device;
    public float padx, pady;
    public Vector3 hitpos;
    public Transform target;
}
public struct RayPointerArgs          //射线信息
{
    public WVR_DeviceType device;
    public int flag;
    public float distance;
    public Transform target;
}
public class WaveVR_RayEvent:MonoBehaviour
{
    void Start() {}
    void Update() {}
}
```

然后来看一下对应的射线检测内容，通过判定检测的信息来传递给相对应的方法，通过调用颜色变化脚本来控制射线变色，这里需要调用的方法如代码 2.20 所示。

【代码 2.20 】

```
void NotifyEvent(GameObject go, string funcName,object obj)        //传递信息
{
    if(go== null ||!go.activeSelf)
        return;
    go.SendMessage(funcName, obj, SendMessageOptions.DontRequireReceiver);
}

public Transform GetHitTrans()                                    //获取物体信息
{
    return detalhititem;
}
public Vector3 GetHitPos()                                        //获取坐标
{
    return detalhitpos;
}
void SetPointerMaterial()                                         //设置材质变色
{
    pointer.GetComponent<Renderer>().material=pointerMaterial;
    if(customPointerMaterial != null)
    {
        customPointerMaterial.color=pointerMaterial.color;
    }
    else
    {
        pointerTip.GetComponent<Renderer>().material=pointerMaterial;
    }
}
```

根据上面的方法可以直接在射线检测里面进行调用，并结合手柄按键的获取来完成整体的射线检测，如代码 2.21 所示。

【代码 2.21 】

```
void Update()
{
    if(pointer.gameObject.activeSelf)
    {
    Ray pointerRaycast=new Ray(transform.position, transform.forward);
    RaycastHit pointerCollidedWith;
    var rayHit=Physics.Raycast(pointerRaycast, out pointerCollidedWith,point
erLength, ~layersToIgnore);
    var pointerBeamLength=GetPointerBeamLength(rayHit, pointer CollidedWith);
```

```
    SetPointerTransform(pointerBeamLength, pointerThickness);
    if(WaveVR_Controller.Input(type).GetPressDown(WVR_InputId.WVR_InputId_17))
    {    //按 triger 键
        RayClickedArgs args=new RayClickedArgs();
        args.target=detalhititem;
        args.device=type;
        args.hitpos=detalhitpos;
        NotifyEvent(detalhititem.gameObject, "OnRayTiggerClicked", args);
    }
     if(WaveVR_Controller.Input(type).GetPressUp(WVR_InputId.WVR_InputId_Alias1_
Touchpad))
    {
        RayClickedArgs args=new RayClickedArgs();
        args.target=detalhititem;
        args.hitpos=detalhitpos;
    }
    if(previousTarget && previousTarget != detalhititem)
    {
        RayPointerArgs args=new RayPointerArgs();
        args.device=type;
        args.distance=detaldistance;
        args.target=previousTarget;
        NotifyEvent(previousTarget.gameObject, "OnRayPointerOut", args);
        previousTarget=null;
    }
    if(rayHit && previousTarget != detalhititem)
    {
        RayPointerArgs args=new RayPointerArgs();
        args.device=type;
        args.distance=detaldistance;
        previousTarget=detalhititem;
        args.target=previousTarget;
        NotifyEvent(previousTarget.gameObject, "OnRayPointerIn", args);
    }
    if(!rayHit)
    previousTarget=null;
    }
}
```

该脚本已经完成并最终挂载在手柄上，运行程序，脚本加载完毕的效果如图2.53所示。

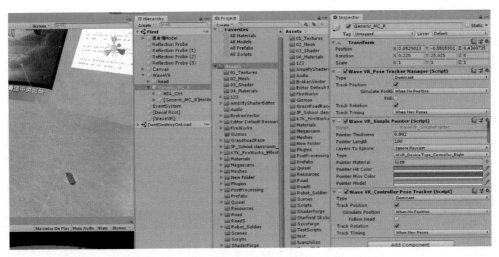

图 2.53　射线脚本挂载

步骤 2　场景—UI 及物体的交互。

场景一为团史馆的交互，里面主要是 UI 的交互和一些墙面图片的交互，最后单击后门场景提示游览完毕。其中，在场景搭建过程中必须采用世界坐标的 UI，并且依次摆放到合适的位置，凸显团史馆的大方得体、光丽整洁、庄严肃穆，这里需要注意的细节是交互方式的使用和场景物体的命名，方便调用和查找。

下面将逐步实现团史馆内的交互方法，首先确保场景内声音、视频、UI 都已经搭建完毕，然后编辑代码 VR_Move 挂载 Canvas 上，如图 2.54 所示。

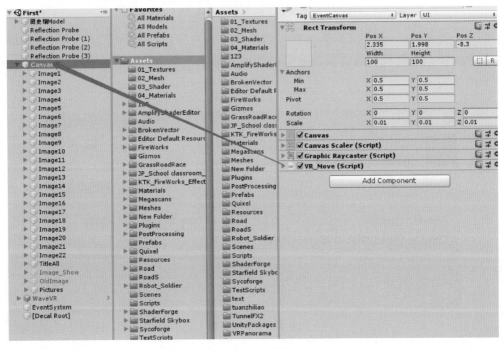

图 2.54　添加控制脚本

59

　　完成在场馆内自由漫游代码的实现，首先若想与地面漫游，就需要射线与地面进行交互。那么需要找到地面，并给地面设置名字为 Plane，方便射线检测时检索判断名称。然后把射线脚本挂载到场景手柄上，方便我们获取到手柄射线并进行检测，如图 2.55 所示。

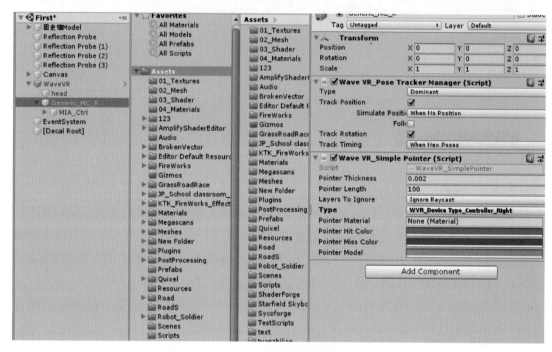

图 2.55　添加射线脚本

　　创建一个 Resources 的文件夹，在里面创建命名为 WorldPointer 的材质球，并且设置材质的 Shader，方便我们看射线时从哪一个面看都是一条线，并且不会有 Cube 的棱线，设置如图 2.56 所示。

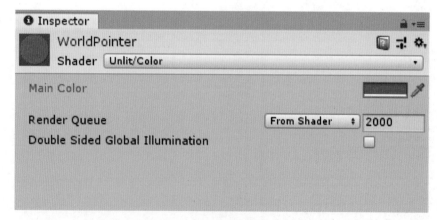

图 2.56　射线材质

　　一切准备就绪后，完成脚本，获取到地面的检测代码，并通过圆盘键控制人物的移动，如代码 2.22 所示。

【代码 2.22】

```
    private GameObject Obj_VR;                 //主角
    public WVR_DeviceType device=WVR_DeviceType.WVR_DeviceType_Controller_
Right;                                         //手柄
    public WaveVR_SimplePointer pointer; //射线
    void Start()
    {
        Obj_VR=GameObject.Find("WaveVR");
        pointer=pointer.GetComponent<WaveVR_SimplePointer>();
    }
    void Update()
    {
        if(!pointer||!pointer.GetHitTrans())
        {
            return;
        }
        if(WaveVR_Controller.Input(device).GetPressDown(WVR_InputId.WVR_
InputId_Alias1_Touchpad))
        {
            GameObject obj=pointer.GetHitTrans().gameObject;
            if(obj.name == "Plane")
            {
                Obj_VR.transform.position=pointer.GetHitPos()+Vector3.up*1.5f;
            }
        }
    }
}
```

保存脚本，然后等待脚本加载完毕，挂载射线和选择控制器，如图 2.57 所示。

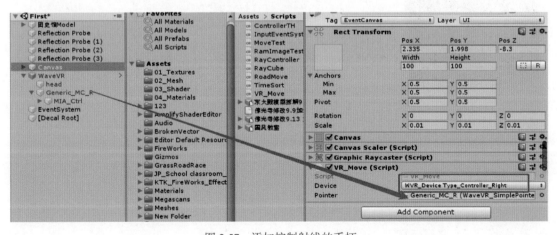

图 2.57 添加控制射线的手柄

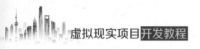

运行 Unity 程序检测运行情况，发现在地面可以根据射线检测点进行移动，脚本测试通过。在场景中每幅画上搭建三维 UI 匹配展馆图片，UI 以文字、图片、视频进行 1：1 大小匹配。因此交互的不仅有物体还有 UI，那么可以把 UI 看成物体的方式进行交互，把所有 UI 都加上 BoxCollider，这样交互起来只需要全都当成物体判定名字就可以了。如图 2.58 所示。

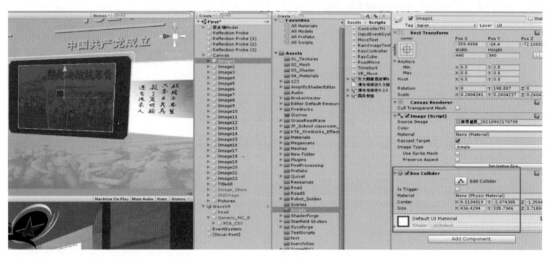

图 2.58　UI 添加碰撞体示意图

下一步需要整理所有需要交互的物体，交互的图片 Tag 统一命名为 tupian，这样在交互时图片都有图文信息，可以用互斥条件让每张图片显示信息时只针对当前交互的图片显示，如图 2.59 所示。

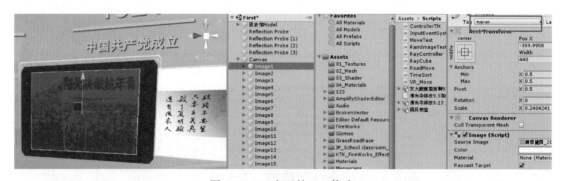

图 2.59　UI 交互的 Tag 修改

根据 Tag 查找并存储所有叫 tupian 的 Image，如代码 2.23 所示。

【代码 2.23】

```
public WaveVR_SimplePointer pointer;//定义射线
private GameObject[] pictures;
private void Awake()
{
```

```
    pictures=GameObject.FindGameObjectsWithTag("tupian");
}
void Start()
{
    Obj_VR=GameObject.Find("WaveVR");
    for(int i=0; i < pictures.Length; i++)
    {
        pictures[i].transform.GetChild(0).gameObject.SetActive(false);
    }
    pointer=pointer.GetComponent<WaveVR_SimplePointer>();
}
```

判断互斥交互条件的 Tag 值，如代码 2.24 所示。

【代码 2.24】

```
if(obj.tag == "tupian")
{
    for(int i=0; i < pictures.Length; i++)
    {
        pictures[i].transform.GetChild(0).gameObject.SetActive(false);
    }
    obj.transform.GetChild(0).gameObject.SetActive(true);
}
```

场景里面还有视频的控制，同理也把代码书写上，如代码 2.25 所示。

【代码 2.25】

```
if(obj.name == "TV")
{
    obj.GetComponent<VideoPlayer>().Play();
}
```

当走到后门时，射线单击后门弹出来 UI，提示是否继续游览团史馆，通过单击 UI 来选择退出游览和继续交互的操作，如代码 2.26 所示。

【代码 2.26】

```
if(obj.tag == "Over")
{
  transform.Find("Image_Show").gameObject.SetActive(true);
}
if(obj.name == "Button_quit")
{
  obj.SetActive(false);
```

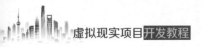

```
}
if(obj.name == "Button_conform")
{
  Application.Quit();
}
```

步骤3 场景二 UI 及物体的交互。

场景二是团徽小游戏，开始时团徽是完整的，然后通过动画进行分解；团徽分解的部分提前预设在某些位置上，方便玩家寻找；找到每个团徽部件都有各自的意义，通过射线与它们进行交互；交互后弹出来 UI 显示各自意义的信息（见图 2.60）。同样运行前也要导入 WaveVR，并在手柄上挂载 Wave VR_Simple_Pointer 脚本。

图 2.60　分布的团徽示意图

创建脚本，把脚本 Controller TH 挂载到 WaveVR 上（见图 2.61），并且把背景音乐也添加到 WaveVR 上，与场景一的背景音乐一致。

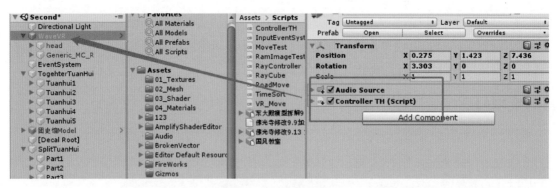

图 2.61　挂载控制脚本

下一步需要编辑脚本，与场景一的交互方式一样，用碰撞体包裹 UI 做的团徽，方便单击，预设的分开动画，动画播放的速度可以用计时器控制。下面先添加 Image 的碰撞体组合，如图 2.62 所示。

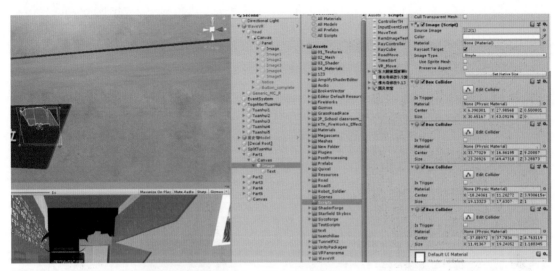

图 2.62　Image 碰撞体添加

编辑基础代码，选择控制手柄，并可以在地面进行漫游，如代码 2.27 所示。

【代码 2.27】

```
public class ControllerTH:MonoBehaviour
{
    public WVR_DeviceType device=WVR_DeviceType.WVR_DeviceType_Controller_Right;
    public WaveVR_SimplePointer pointer;
    void Start()
    {
        pointer=pointer.GetComponent<WaveVR_SimplePointer>();
    }
    void Update()
    {
        if(!pointer ||!pointer.GetHitTrans())
        {
            return;
        }
        if(WaveVR_Controller.Input(device).GetPressDown(WVR_InputId.WVR_
InputId_Alias1_Touchpad))
        {
            GameObject hitObj=pointer.GetHitTrans().gameObject;
            if(hitObj.name == "Plane")
            {
                transform.position=pointer.GetHitPos() + Vector3.up * 1.5f;
            }
        }
    }
}
```

设计团徽部分显示的意义挂载到 head 上，人旋转头部即可以看到，并且每次显示的都是一部分的意义而不是全部，所以可以把 UI 挂载到头上进行显示，如图 2.63 所示。

图 2.63　提示 UI 示意图

对交互代码进行编辑，只需要在单击不同的 UI 时激活不同的 UI，同时需要定义各个显示的内容，方便后面编辑互斥代码，如代码 2.28 所示。

【代码 2.28】

```
private GameObject showNotices;//展示意义的父物体
private List<GameObject> THMeaning_list=new List<GameObject>();//显示意义的 Image
private GameObject notice;//显示意义的物体
private Text notice_txt;//显示意义的承载
private Animator THAni;//开始分解动画
public WVR_DeviceType device=WVR_DeviceType.WVR_DeviceType_Controller_Right;
public WaveVR_SimplePointer pointer;
bool[] FindObjs={ false,false,false,false,false };//记录找到部分的布尔值
bool findAll=false;//判断是否全部找到
private GameObject complete;//结束 Panel
private void Awake()
{
    for (int i=0; i<GameObject.Find("WaveVR").transform.Find("head").Find("Canvas").
Find("Panel").transform.childCount; i++)
    {
        THMeaning_list.Add(GameObject.Find("WaveVR").transform.Find("head").
Find("Canvas").Find("Panel").transform.GetChild(i).gameObject);
    }
```

```
        notice=GameObject.Find("WaveVR").transform.Find("head").Find("Canvas").
Find("Notice").gameObject;
        notice_txt=GameObject.Find("WaveVR").transform.Find("head").Find("Canvas").
Find("Notice").Find("Text").GetComponent<Text>();
        showNotices=GameObject.Find("WaveVR").transform.Find("head").
Find("Canvas").Find("Panel").gameObject;
        THAni=GameObject.Find("TogehterTuanHui").GetComponent<Animator>();
        THAni.speed=0;//默认分开动画速度为 0
        complete=GameObject.Find("WaveVR").transform.Find("head").
Find("Canvas").Find("Button_complete").gameObject;
        pointer=pointer.GetComponent<WaveVR_SimplePointer>();
}
```

等待 10s 后开始团徽分解，同时隐藏开始的 UI，如代码 2.29 所示。

【代码 2.29】

```
void Start()
{
    showNotices.SetActive(true);
    Invoke("StepFirst", 10f);
}
void StepFirst()
{
    showNotices.SetActive(false);
    Invoke("StepSecond", 2f);
}
void StepSecond()
{
    THAni.speed=1f;//给动画速度让其播放分开
    Invoke("StepThird", 2f);
}
void StepThird()
{
  notice.SetActive(true);
  Invoke("StepForth", 2f);
}
void StepForth()
{
  notice.SetActive(false);
}
```

如果找到了所有的团徽部分，则弹出来游戏结束；如果没有找到全部，则就继续寻找其他部分，如代码 2.30 所示。

【代码 2.30】

```
void FindAll()//全部找到了
{
    showNotices.SetActive(false);
    notice.SetActive(true);
    notice_txt.text="团徽集齐了";
    Invoke("CompleteGame", 2f);
}
void NotFindAll()//没找到全部
{
    showNotices.SetActive(false);
    notice.SetActive(true);
    notice_txt.text="快去寻找其他部分吧";
    Invoke("HideNotice", 2f);
}
void HideNotice()//没找到就隐藏目前显示的 UI
{
    notice.SetActive(false);
}
void CompleteGame()//游戏结束
{
    notice.SetActive(false);
    complete.SetActive(true);
}
```

　　下一步就是操作每一步的选择了。一共五个部分可以选择，每个部分的逻辑是一样的，选择完毕之后判断 Bool 数组（Find Objs）里面是否都是 True，如果都是 True，说明完成了所有的寻找，否则继续寻找，如代码 2.31 所示。

【代码 2.31】

```
if(hitObj.name=="Part1")
{
    hitObj.SetActive(false);
    showNotices.SetActive(true);
    for(int i=0; i < THMeaning_list.Count; i++)
    {
        THMeaning_list[i].SetActive(false);
    }
    THMeaning_list[1].SetActive(true);
    FindObjs[0]=true;
    if(findAll == false)
```

```
    {
        Invoke("NotFindAll", 5f);
    }
}
if(hitObj.name=="Part2")
{
    hitObj.SetActive(false);
    showNotices.SetActive(true);
    for(int i=0; i < THMeaning_list.Count; i++)
    {
        THMeaning_list[i].SetActive(false);
    }
    THMeaning_list[2].SetActive(true);
    FindObjs[1]=true;
    if(findAll==false)
    {
        Invoke("NotFindAll", 5f);
    }
}
if(hitObj.name=="Part3")
{
    hitObj.SetActive(false);
    showNotices.SetActive(true);
    for(int i=0; i < THMeaning_list.Count; i++)
    {
        THMeaning_list[i].SetActive(false);
    }
    THMeaning_list[5].SetActive(true);
    FindObjs[2]=true;
    if(findAll==false)
    {
        Invoke("NotFindAll", 5f);
    }
}
if(hitObj.name=="Part4")
{
    hitObj.SetActive(false);
    showNotices.SetActive(true);
    for(int i=0; i < THMeaning_list.Count; i++)
    {
        THMeaning_list[i].SetActive(false);
    }
```

```
    THMeaning_list[4].SetActive(true);
    FindObjs[3]=true;
    if(findAll == false)
    {
        Invoke("NotFindAll", 5f);
    }
}
if(hitObj.name=="Part5")
{
    hitObj.SetActive(false);
    showNotices.SetActive(true);
    for(int i=0; i < THMeaning_list.Count; i++)
    {
        THMeaning_list[i].SetActive(false);
    }
    THMeaning_list[3].SetActive(true);
    FindObjs[4]=true;
    if(findAll==false)
    {
        Invoke("NotFindAll", 5f);
    }
}
```

最后完成寻找关闭 UI，退出应用代码，如代码 2.32 所示。

【代码 2.32】

```
if(hitObj.name=="Button_complete")
{
    Application.Quit();
}
```

步骤 4　场景三 UI 及动画系统的完成。

可以根据时间的变化来推演自己的代码。既然有时间的推演，就需要一个计时器脚本来进行计时，例如每一个入团的步骤都需要跑酷完成 25s 才能进行入团的下一步等。场景中跳转需要黑屏转亮的动画过渡，跑道的循环运行等，可以一一把代码写出来，把思路整理清晰。

首先要完成场景内容的搭建，包括 UI 的显示、跑道障碍物的布局等，否则无法完成后面代码的交互，按照步骤 2 和步骤 3 先完成交互，然后继续操作，搭建 UI 布局如图 2.64 所示。

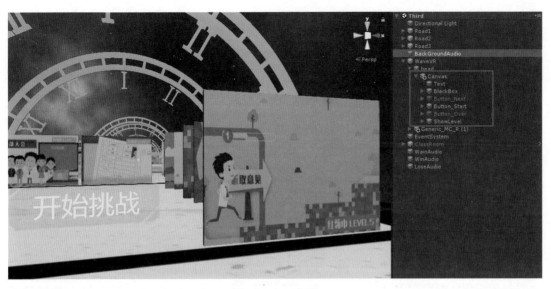

图 2.64 UI 布局

下面写一个时间的计时器脚本 TimeSort，方便后面每个关卡用于计时、切换场景，如代码 2.33 所示。

【代码 2.33】

```
using System.Collections;
using System.Collections.Generic;
using UnityEngine;
using UnityEngine.UI;
public class TimeSort:MonoBehaviour {
    public static Text m_ClockText;
    public static float m_Timer;
    private int m_Hour;//定义计时器的时
    private int m_Minute;//定义计时器的分
    public static int m_Second;//定义计时器的秒
    void Start()
    {
        m_ClockText=GetComponent<Text>();
    }
    void Update()
    {
        m_Timer+=Time.deltaTime;
        m_Second=(int)m_Timer;
        if(m_Second > 59.0f)
        {
            m_Second=(int)(m_Timer - (m_Minute * 60));
        }
        m_Minute=(int)(m_Timer / 60);
```

```
        if(m_Minute > 59.0f)
        {
            m_Minute=(int)(m_Minute - (m_Hour * 60));
        }
        m_Hour=m_Minute / 60;
        if(m_Hour >= 24.0f)
        {
            m_Timer=0;
        }
        m_ClockText.text=string.Format("{0:d2}:{1:d2}:{2:d2}", m_Hour, m_Minute,
        m_Second);
    }
}
```

然后编辑场景淡入淡出的逻辑，实际上就是控制 Black Box 下面的六个 Image 的颜色透明度的变化，创建脚本 Player Move 挂载到 Wave VR 上，由于主角需要闯关，需要与场景障碍物碰撞，所以给物体挂载 Box Collider 组件和 Rigidbody 组件，如图 2.65 所示。

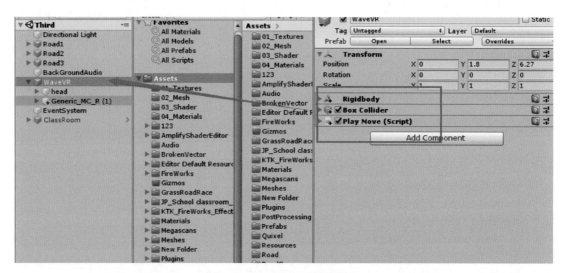

图 2.65　Wave VR 碰撞体添加

编辑淡入淡出效果如代码 2.34 所示。

【代码 2.34】

```
List<Image> blackBox_list=new List<Image>();
bool canRun=false;
bool startWhite=false;
void Start(){
    for(int i=0;i<GameObject.Find("WaveVR").transform.Find("head").Find("Canvas").
Find("BlackBox").transform.childCount; i++)
{   blackBox_list.Add(GameObject.Find("WaveVR").transform.Find("head").
```

```
Find("Canvas").Find("BlackBox").transform.GetChild(i).GetComponent<Image>());
    }
}
void Update(){
    if(canRun)//去跑酷
    {
        isRun=false;
        showLevel.SetActive(false);
        colorChange += Time.deltaTime / 2;
        for(int i=0; i < blackBox_list.Count; i++)
        {
            blackBox_list[i].GetComponent<Image>().color=new Color(0, 0, 0,colorChange);
        }
    }
    if(startWhite)//在变亮
    {
            colorChange-=Time.deltaTime/2;
            for(int i=0; i < blackBox_list.Count; i++)
            {
                blackBox_list[i].GetComponent<Image>().color=new Color(0, 0, 0,
colorChange);
            }
        }
    }
}
```

编辑跑道的循环如代码 2.35 所示。

【代码 2.35】

```
public GameObject[] roads=new GameObject[3];
Vector3[] pos=new Vector3[3];
void Start()
{
  for(int i=0; i < roads.Length; i++)
  {
      pos[i]=roads[i].transform.position;
  }
}
void Update()
{
    if(startRun)
    {
        for(int i=0; i < 3; i++)
        {
        roads[i].transform.Translate(0, 0, -0.05f, Space.World);
```

```
    if(roads[i].transform.position.z < -5)
    {
        roads[i].transform.position=pos[2] - new Vector3(0, 0, 5.5f);
    }
}
```

接下来需要显示不同的障碍物在第几关。最开始需要默认障碍物失活，根据闯关情况需要激活第几关障碍物，单独交互调取激活。

首先，给不同的障碍物单独命名为Tag，每个Road下都有21个障碍物，如图2.66所示。

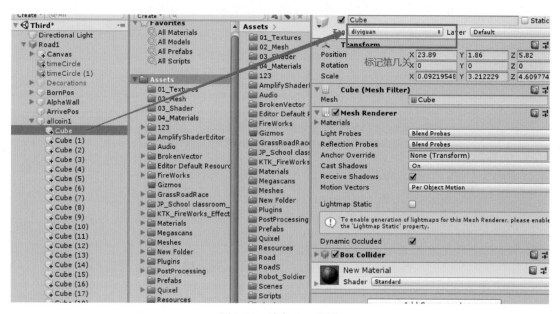

图 2.66　关卡 Tag 编辑

其次，障碍物用代码来进行存储，方便激活失活控制，如代码 2.36 所示。

【代码 2.36】

```
private GameObject[] picture1;
private GameObject[] picture2;
private GameObject[] picture3;
private GameObject[] picture4;
private GameObject[] picture5;
private GameObject[] picture6;
private GameObject[] picture7;
private GameObject[] picture8;
private GameObject[] picture9;
private GameObject[] picture10;
private void Awake()
{
```

```
picture1=GameObject.FindGameObjectsWithTag("diyiguan");
picture2=GameObject.FindGameObjectsWithTag("dierguan");
picture3=GameObject.FindGameObjectsWithTag("disanguan");
picture4=GameObject.FindGameObjectsWithTag("disiguan");
picture5=GameObject.FindGameObjectsWithTag("diwuguan");
picture6=GameObject.FindGameObjectsWithTag("diliuguan");
picture7=GameObject.FindGameObjectsWithTag("diqiguan");
picture8=GameObject.FindGameObjectsWithTag("dibaguan");
picture9=GameObject.FindGameObjectsWithTag("diqiuguan");
picture10=GameObject.FindGameObjectsWithTag("dishiguan");
}
```

针对物体失活可以单独列一个方法进行控制，如代码 2.37 所示。

【代码 2.37】

```
void Picturefalse()//障碍物失活
{
   for(int i=0; i < picture1.Length; i++)
   {
       picture1[i].SetActive(false);
   }
   for(int i=0; i < picture2.Length; i++)
   {
       picture2[i].SetActive(false);
   }
       for(int i=0; i < picture3.Length; i++)
   {
       picture3[i].SetActive(false);
   }
   for(int i=0; i < picture4.Length; i++)
   {
       picture4[i].SetActive(false);
   }
   for(int i=0; i < picture5.Length; i++)
   {
       picture5[i].SetActive(false);
   }
   for(int i=0; i < picture6.Length; i++)
   {
       picture6[i].SetActive(false);
   }
   for(int i=0; i < picture7.Length; i++)
   {
       picture7[i].SetActive(false);
```

```
    }
    for(int i=0; i < picture8.Length; i++)
    {
        picture8[i].SetActive(false);
    }
    for(int i=0; i < picture9.Length; i++)
    {
        picture9[i].SetActive(false);
    }
    for(int i=0; i < picture10.Length; i++)
    {
        picture10[i].SetActive(false);
    }
}
```

在 Update 里面执行玩家躲避障碍物的代码，如代码 2.38 所示。

【代码 2.38】

```
if(isRun)//判断在跑道上就可以左右移动
{
  if(WaveVR_Controller.Input(device).GetPressDown(WVR_InputId.WVR_InputId_
Alias1_DPad_Left))
  {
      x_Offset -= 1f;
      transform.Translate(x_Offset, 0, 0);
  }

  if(WaveVR_Controller.Input(device).GetPressDown(WVR_InputId.WVR_InputId_
Alias1_DPad_Right))
  {
      x_Offset += 1f;
      transform.Translate(x_Offset, 0, 0);
  }
  transform.position=new Vector3(Mathf.Clamp(transform.position.x, -5.5f,5.5f),
Mathf.Clamp(transform.position.y, 1.8f, 1.8f), Mathf.Clamp(transform.
position.z, 3, 3));
}
```

跑酷当前关卡即将完成，需要进入下一关，调用计时器，等待关卡跳转，如代码 2.39 所示。

【代码 2.39】

```
if(TimeSort.m_Second == 30f&& isSatrt)
{
    TimeSort.m_Timer=0;
```

```
    TimeSort.m_Second=0;
    TimeSort.m_ClockText.gameObject.SetActive(false);
    goClassRoom=true;
}
```

判定是否撞到障碍物，如代码 2.40 所示。

【代码 2.40】

```
void OnCollisionEnter(Collision collision)
{
    levelName=collision.collider.name;
    levelTag= collision.collider.tag;
    Debug.Log(" 碰到 "+ levelName+ levelTag);
    ClolliderLevel();
}
private void ClolliderLevel()
{
    if(levelTag == "diyiguan"|| levelTag == "dierguan" ||levelTag == "disanguan"
||levelTag == "disiguan" ||levelTag == "diwuguan" ||levelTag == "diliuguan" ||levelTag =
= "diqiguan" ||levelTag == "dibaguan" ||levelTag == "diqiuguan" ||levelTag ==
"dishiguan")
    {
        music2.Play();//播放撞到墙了
        Invoke("Music2Stop", 1f);
    }
}
```

时间到达切换到下一关，进入教室，如代码 2.41 所示。

【代码 2.41】

```
if(goClassRoom)//去教室
{
    isRun=false;
    startRun=false;
    showLevel.SetActive(false);
    colorChange += Time.deltaTime / 2;
    for(int i=0; i < blackBox_list.Count; i++)
    {
        blackBox_list[i].GetComponent<Image>().color=new Color(0,0,0,colorChange);
    }
    if(colorChange > 1)
    {
```

```
        transform.DOMove(classRoom, 0.1f);
        colorChange=1;
        next.gameObject.SetActive(true);
        showLevel.SetActive(true);
        startWhite=true;
        goClassRoom=false;
        level++;
    }
}
```

切换下一关就可以根据完成的内容来判断 level 并进行跳转，如代码 2.42 所示。

【代码 2.42】

```
else if(level==1)
{
    black_Text.text=" 第一步    团前教育 "+"\n 当你进入七年级时，团组织将会给大家上 " 团
前教育课 " 充分了解团的历史和团的章程等基本知识。";
    Picturefalse();
    for(int i=0; i < picture1.Length; i++)
    {
        picture1[i].SetActive(true);
    }
    level_txt.text="1";
}
else if(level==2)
{
    black_Text.text=" 第二步    申请入团，递交《入团申请书》"+"\n 首先入团申请人自愿向
工作、学习所在单位组织提出申请；没有单位的或单位未建立团组织的，应当向居住地团组织提出申请；流
动青年还可以向单位所在地团组织提出申请。团组织收到入团申请书后，会在一个月内派人找你谈谈心。";
    Picturefalse();
    for(int i=0; i < picture2.Length; i++)
    {
        picture2[i].SetActive(true);
    }
    level_txt.text="2";
}
else if(level==3)
{
     black_Text.text=" 第三步    确定入团积极分子 "+"\n 谈话后，团支部或中队委员会提名
推荐，从入团申请人中确定入团积极分子，并上报上级团组织备案，团组织指定一至两名团员作为入团
积极分子的联系人。";
    Picturefalse();
    for(int i=0; i < picture3.Length; i++)
    {
```

```
            picture3[i].SetActive(true);
        }
        level_txt.text="3";

    }
    else if (level==4)
    {
        black_Text.text=" 第四步　　培养教育 "+"/n 入团积极分子的教育、培养和考察时间不少于
3 个月，通过至少 8 课时的团课学习及考核，获得团校结业证书，鼓励入团积极分子参加团有关的活
动，参与志愿服务。";
        Picturefalse();
        for (int i=0; i < picture4.Length; i++)
        {
            picture4[i].SetActive(true);
        }
        level_txt.text="4";
    }
    else if (level==5)
    {
        black_Text.text=" 第五步　　确定发展对象 "+"\n 接下来就是从积极分子中培养发展对象啦！
团章规定，青年入团应有 2 名团员作为入团介绍人，入团介绍人可以由申请入团的青年积极分子自己
选择，也可以由团组织指定。";
        Picturefalse();
        for(int i=0; i < picture5.Length; i++)
        {
            picture5[i].SetActive(true);
        }
        level_txt.text="5";
    }
    else if(level==6)
    {
        black_Text.text=" 第六步　　填写《入团志愿书》"+"\n 认真如实填写，并交支委会检查。
通过公示期，即可正式进入发展新团员阶段啦！";
        Picturefalse();
        for (int i=0; i < picture6.Length; i++)
        {
            picture6[i].SetActive(true);
        }
        level_txt.text="6";
    }
    else if (level==7)
    {
```

```
    black_Text.text=" 第七步      支部大会讨论 "+"\n 团支部大会讨论通过接收新团员，形成
决议后，团支部应将支部大会决议填写在《入团志愿书》上，及时报上一级基层团委审批。";
    Picturefalse();
    for(int i=0; i < picture7.Length; i++)
    {
        picture7[i].SetActive(true);
    }
    level_txt.text="7";
}
else if(level==8)
{
    black_Text.text=" 第八步      上级团委（学校）审批 "+"\n 被批准入团的青年从支部大会通
过之日起取得团籍。";
    Picturefalse();
    for(int i=0; i < picture8.Length; i++)
    {
        picture8[i].SetActive(true);
    }
    level_txt.text="8";
}
else if(level==9)
{
    black_Text.text=" 第九步      办理团员证 "+"\n 团组织会帮你办理团员证。注意团员证需要
团委加盖钢印才有效哦！";
    Picturefalse();
    for (int i=0; i < picture9.Length; i++)
    {
        picture9[i].SetActive(true);
    }
    level_txt.text="9";
}
else if(level==10)
{
    black_Text.text=" 第十步      入团仪式 "+"\n 团章规定："新团员必须在团旗下进入团宣誓
"入团宣誓对团员是一次庄严而生动的教育。请你认真、仔细地看看团章规定的入团誓词。";
    Picturefalse();
    for(int i=0; i < picture10.Length; i++)
    {
        picture10[i].SetActive(true);
    }
    level_txt.text="10";
}
else if (level==11)
{
    black_Text.text=" 恭喜你成为一名共青团员 ";
    next.gameObject.SetActive(false);
    gameOver.gameObject.SetActive(true);
}
```

UI交互中"是否开启挑战""是否开始游戏""是否结束游戏"等按钮的实现如代码2.43
所示。

【代码 2.43】

```
public void StartGotoLevel()
{
    bg_music.Play();
    next.gameObject.SetActive(true);
    startGame.gameObject.SetActive(false);
    level=1;
}
public void GameOver()
{
    Application.Quit();
}
public void NextFoundation()
{
    canRun=true;
}
void Update()
{
    if(pointer.GetHitTrans())
    {
        GameObject hitObj=pointer.GetHitTrans().gameObject;
        if(WaveVR_Controller.Input(device).GetPressDown(WVR_InputId.WVR_
InputId_Alias1_Touchpad))
        {
            if(hitObj.name=="Button_Start")
            {
                StartGotoLevel();
            }
            if(hitObj.name=="Button_Over")
            {
                GameOver();
            }
            if(hitObj.name=="Button_Next")
            {
                NextFoundation();
            }
        }
    }
}
```

　　声音的控制需依次添加，前边代码已经添加了背景音乐以及撞击音乐，其实还可以添
加通关音乐、撞击次数提醒等声音，如图 2.67 所示。

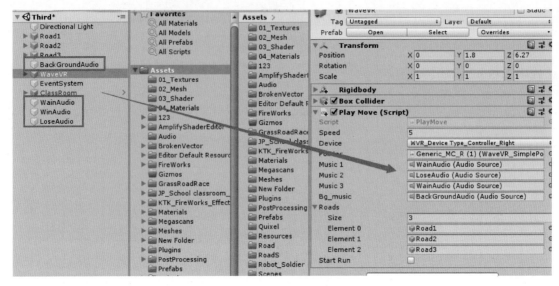

图 2.67　声音的添加

最终整理代码，完成第三个场景的全部交互步骤。

任务 2.6　Bug 修复和资源优化

■ 任务目标

（1）修复 Bug。

（2）资源优化。

■ 任务分析

项目中难免会有一些 Bug，在项目完成时需要经过反复测试来确定，有的是逻辑 Bug，有的是交互穿模，问题要一一摸清检查。对于资源优化，体现在重复模型的使用、代码的冗余、场景灯光等方面，本任务将在修复 Bug 和资源优化方面各举一个例子来进行说明，其他的问题需要大家后续自行完成。

任务实施

步骤 1　修复 Bug。

在项目开发中需要反复测试几遍发现的 Bug，如在场景一中随意漫游，射线随意交互等。例如，在交互中会发现场景已有一个致命 Bug，就是墙面没有碰撞体，在团史馆内漫游的时候会出现穿墙的情况。我们可以采取两个方法解决这个问题：一是给墙面添加碰撞体；二是给地面加限制范围。如果两种方案一起采用，则会避免一些疏忽，如地面碰撞体分布不均匀，会有缝隙穿过；墙面碰撞体少添加也会有不易发现的 Bug，所以采用两种方法相当于减小误差产生的概率。曲面墙的碰撞体的添加如图 2.68 所示。

图 2.68　碰撞体的添加

　　还有就是地面碰撞体分布添加，让一些遮挡的地方尽量没有碰撞体，从而避免人物穿墙的情况发生，如图 2.69 所示。

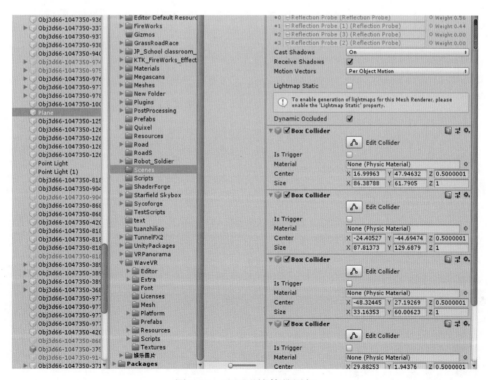

图 2.69　地面碰撞体的添加

步骤 2　资源优化。

资源优化是很多项目都亟须解决的问题，因为项目的耦合度太高，容易出现关联 Bug，项目场景灯光布局导致性能损耗、代码重复和高耦合性等问题，是需要优化的主要目的。本任务是对经常发生的问题进行优化。

场景二的优化如代码 2.44 所示。

【代码 2.44】

```
if(hitObj.name=="Part1")
{
  hitObj.SetActive(false);
  showNotices.SetActive(true);
  for(int i=0; i < THMeaning_list.Count; i++)
  {
      THMeaning_list[i].SetActive(false);
  }
  THMeaning_list[1].SetActive(true);
  FindObjs[0]=true;
  if(findAll==false)
  {
      Invoke("NotFindAll", 5f);
  }
}
if(hitObj.name=="Part2")
{
  hitObj.SetActive(false);
  showNotices.SetActive(true);
  for(int i=0; i < THMeaning_list.Count; i++)
  {
      THMeaning_list[i].SetActive(false);
  }
  THMeaning_list[2].SetActive(true);
  FindObjs[1]=true;
  if(findAll==false)
  {
      Invoke("NotFindAll", 5f);
  }
}
if (hitObj.name=="Part3")
{
  hitObj.SetActive(false);
  showNotices.SetActive(true);
  for(int i=0; i < THMeaning_list.Count; i++)
```

```
    {
        THMeaning_list[i].SetActive(false);
    }
    THMeaning_list[5].SetActive(true);
    FindObjs[2]=true;
    if(findAll==false)
    {
        Invoke("NotFindAll", 5f);
    }
}
if(hitObj.name=="Part4")
{
    hitObj.SetActive(false);
    showNotices.SetActive(true);
    for(int i=0; i < THMeaning_list.Count; i++)
    {
        THMeaning_list[i].SetActive(false);
    }
    THMeaning_list[4].SetActive(true);
    FindObjs[3]=true;
    if(findAll==false)
    {
        Invoke("NotFindAll", 5f);
    }
}
if(hitObj.name=="Part5")
{
    hitObj.SetActive(false);
    showNotices.SetActive(true);
    for(int i=0; i < THMeaning_list.Count; i++)
    {
        THMeaning_list[i].SetActive(false);
    }
    THMeaning_list[3].SetActive(true);
    FindObjs[4]=true;
    if(findAll==false)
    {
        Invoke("NotFindAll", 5f);
    }
}
```

　　出现了五个很相似的部分，里面代码除了编号外，其他几乎相同，那么可以简化代码，让冗余代码变得轻便一些。把交互内容看成变量，采用遍历方式进行查找，优化后如代码 2.45 所示。

【代码 2.45】

```
if(hitObj.name.Contains("Part"))
{
  hitObj.SetActive(false);
  showNotices.SetActive(true);
  int index =int.Parse( hitObj.name.Substring(hitObj.name.Length-1,1));
  for(int i=0; i < THMeaning_list.Count; i++)
  {
      THMeaning_list[i].SetActive(false);
  }
  THMeaning_list[index].SetActive(true);
  FindObjs[index-1]=true;
  if(findAll == false)
  {
      Invoke("NotFindAll", 5f);
  }
}
```

场景三同样也存在代码冗余问题，把问题代码粘贴过来，如代码 2.46 所示。

【代码 2.46】

```
if(hitObj.name=="Button_Start")
{
  StartGotoLevel();
}
if(hitObj.name=="Button_Over")
{
  GameOver();
}
if(hitObj.name=="Button_Next")
{
  NextFoundation();
}
```

在判断一个条件是否等于的情况下，可以采用 Switch 来解决代码冗余的问题，如代码 2.47 所示。

【代码 2.47】

```
switch (hitObj.name)
{
  case "Button_Start": StartGotoLevel();break;
  case "Button_Over": GameOver() ;break;
  case "Button_Next": NextFoundation();break;
}
```

◆ 项 目 总 结 ◆

　　本项目首先通过对 VR 设备的了解，掌握 VR 设备的基本功能。其次根据项目需求利用思维导图工具和原型图设计工具完成了流程图和原型图，方便读者后面条理清晰地进行开发，同时可以养成良好的开发习惯。接着学习了 SDK 的下载与导入，并在 Unity 里进行基础交互，了解按键的获取独立的方法，预制体的设计方法，以及 VR 设备的开发基础，并能熟练应用。然后介绍了场景的搭建，场景搭建过程中遇到很多麻烦，例如曲面贴图的控制、反光面的调节、场景 UI 的摆放、物体命名的规则等都是细节控制，三个场景各有其需要注意的地方。而针对声音和动画的控制来说，声音控件主要是以背景音乐为主，可以添加特殊点音乐，动画主要是团徽的分散和跑酷淡入淡出的特效。最后通过对三个场景的交互，读者掌握了声音播放的控制、动画播放的控制，以及射线是如何书写的，场景物体以及 UI 交互的新方式，同时在代码控制场景移动和颜色变化方面有了更新层次的理解。通过对场景 Bug 的查找和代码的优化告诉读者，VR 项目开发不是单纯的写完就行，也不是交互完成就行，而是测试交互的角落和交互的姿势，还有代码的简洁等都是未来开发中需要进步的地方。一个完整的项目如何在 Foucs 中打包，如何配置安卓环境，如何调试都是需要重点关注的问题。

◆ 课 后 习 题 ◆

1. 结合所学知识，总结所学过的设备有哪些？它们有什么特点？
2. 用思维导图结合 Axure 自己设计一个展厅交互设计流程图。
3. 浏览官网下载高版本 SDK，并在高版本 Unity 里面测试运行，掌握开发技巧。
4. 利用按键检测操作场景内物体移动、旋转和大小缩放。
5. 自己尝试对团史馆进行场景烘焙，添加光照探针。
6. 新建一个场景添加视频音乐播放功能，利用 UI 控制声音大小和静音操作。
7. 换成最开始任务 2.2 的交互方式进行交互测试，判断两种交互方式的优缺点。
8. 查找本项目场景三中障碍物生成方式，换种生成方式并进行优化。
9. 将本项目场景二和场景三进行打包测试，修复 Bug。
10. 自己创建一个新的场景，重新配置安卓环境，测试打包。

项目3

VR+线上校园项目开发（Unreal方向）

项目导读

虚拟现实技术是当今社会研究的热点，VR+ 线上校园就是使用虚拟现实技术将校园场景搬到线上。通过 VR 设备，足不出户就可以沉浸式游览校园风光，加上各种互动功能的加入，丰富游览体验的同时，也更加了解校园文化。

VR+ 线上校园的优势是让师生可以更加方便地了解校园，也能吸引更多的考生了解学校。

本项目将从需求分析、开发流程设计、场景和美术资源的导入、VR 开发环境的搭建、场景漫游功能的制作、UI 设计和搭建、3D UI 的使用，UI 功能的实现、VR 手柄交互功能的使用、VR 打包和测试等步骤进行一一详细阐述。

学习本项目前，需读者了解 Unreal Engine（虚幻引擎）的基本操作，以及蓝图的基础知识。

本项目使用的 Unreal Engine（虚幻引擎）版本是 Unreal Engine 4。

学习目标

- 掌握 Unreal Engine 场景和美术资产的导入方式。
- 掌握配置 Unreal Engine 的 VR 开发环境。
- 掌握 Unreal Engine 场景漫游的制作。
- 掌握 Unreal Engine 的 UMG 系统。
- 掌握 Unreal Engine 3D UI 的搭建和使用。
- 掌握 Unreal Engine VR 手柄的交互方式。
- 掌握 Unreal Engine 的打包和测试方式。

任务 3.1　VR+ 线上校园项目需求分析和开发流程

项目需求分析和美术资源导入

■ 任务目标

（1）VR+ 线上校园项目需求分析。

（2）梳理项目的整体开发流程。

■ 任务分析

开发前先对项目进行求分析，确定所需实现的功能，然后梳理项目的整体开发流程。

任务实施

步骤 1　VR+ 线上校园项目需求分析。

VR+ 线上校园项目主要需求：第一，能够快速熟悉校园布局，便捷地游览校园风貌；第二，能够了解校园各个建筑功能及校园文化。

根据以上需求进行分析，VR+ 线上校园项目主要实现的功能有以下几部分。

（1）通过手柄实现在场景中移动和转向功能。

（2）实现校园场景漫游功能。

（3）实现场景中定点传送功能。

（4）通过手柄交互，在场景中显示和隐藏 3D UI，介绍建筑物功能和校园文化。

步骤 2　VR+ 线上校园项目开发流程。

根据项目需求分析，项目整体开发流程如下。

（1）导入校园场景和所需美术资产。

（2）配置 VR 开发环境，接入 VR 设备。

（3）创建 VR 角色，通过 VR 手柄实现移动和转向功能。

（4）实现开场漫游功能。

（5）搭建 UI 界面。

（6）添加控件交互组件，实现手柄和 UI 的交互。

（7）实现定点传送功能。

（8）通过手柄实现和 UI 交互和漫游功能。

（9）添加介绍 UI，显示校园不同建筑物的简介和校园文化。

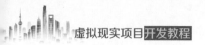

创建新工程
和导入美术
资产

任务 3.2 创建新工程与美术资产导入

■ **任务目标**

（1）完成新工程的创建。

（2）完成场景的导入。

（3）完成美术资产的导入。

■ **任务分析**

本任务主要目标是完成新工程的创建，并导入场景，最后再导入所需的美术资产。

任务实施

步骤 1 创建新工程。

启动 Unreal Engine 4，在 New Project Categories（新项目类别）界面选择 Games（游戏）类别（见图 3.1）；进入下一步，在 Select Template（选择模板）界面选择 Blank（空白）模板（见图 3.2）；而后进入下一步，在 Project Settings（项目设置）界面选择 Blueprint（蓝图）、No Starter Content（没有初学者内容），项目名称命名为 OnlineCampus（见图 3.3），最后单击 Create Project（创建项目）按钮。

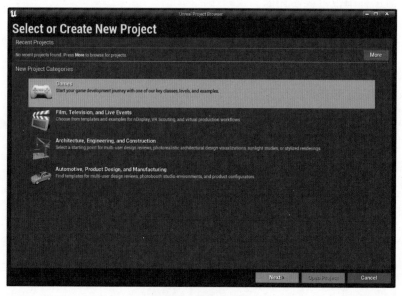

图 3.1　新项目类别

图 3.2　选择模板

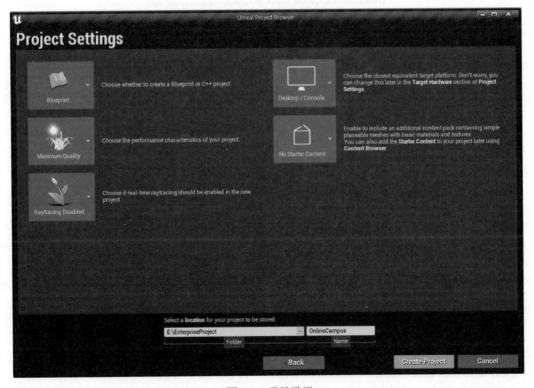

图 3.3　项目设置

步骤2　导入场景。

导入场景前，先加载场景所需插件，在菜单栏选择 Edit（编辑）下的 Plugins（插件）（见图 3.4），打开插件界面，搜索 HDRI，勾选 HDRIBackdrop 插件，然后单击 Restart Now 按钮重启工程（见图 3.5）。

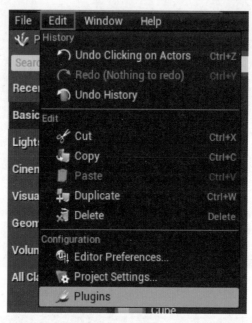

图 3.4　插件

图 3.5　选择插件

加载完插件后，开始导入场景，打开工程的 Content（内容）文件夹（见图 3.6），将提供的 Content 文件夹下的场景资源 AM_vol4 和 Campus 文件夹复制到工程的 Content 的文件夹中（见图 3.7），然后将资源文件夹下的 Config 文件夹复制到工程根目录下进行替换（见图 3.8）。

图 3.6　Content 文件

图 3.7　场景资源

图 3.8　替换 Config

打开工程，在内容浏览器中 Campus 目录下，打开 Map 文件夹中 Level_SH 关卡（见图 3.9），打开后便会在视口中显示校园场景（见图 3.10）。

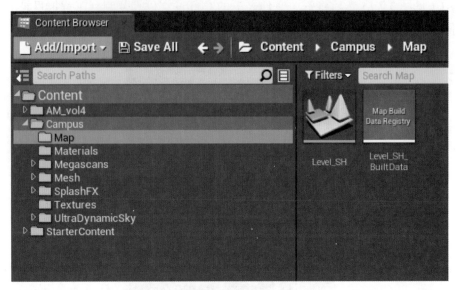

图 3.9　场景关卡

图 3.10　校园场景

接下来要将该场景设置为默认关卡，避免重新打开工程时，引擎自动创建一个新的关卡。在菜单栏选择 Edit（编辑）下的 Project Settings（项目设置）（见图 3.11）。

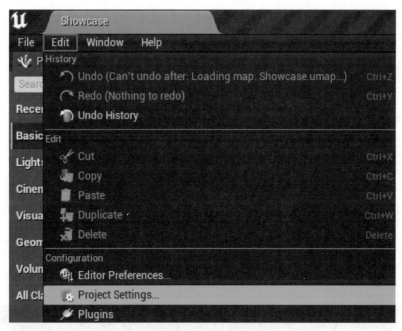

图 3.11　项目设置

选择 Project（项目）下 Maps & Modes（地图和模式），在 Default Maps（默认地图）下将 Editor Startup Map（编辑器开始地图）设置为 Level_SH 关卡（见图 3.12）。

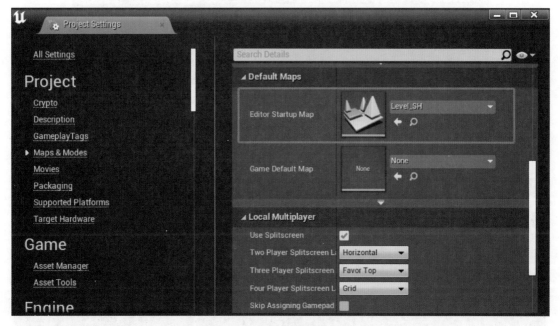

图 3.12　设置编辑器开始地图

步骤 3　导入美术资产。

先导入角色传送功能所需的资产，将准备好的资源文件夹下 Content 文件夹中的

VRTemplate 文件复制到工程根目录的 Content 文件夹下（见图 3.13），复制完成后，将在内容浏览器中看到 VRTemplate 文件及其文件下的特效、材质等资产。

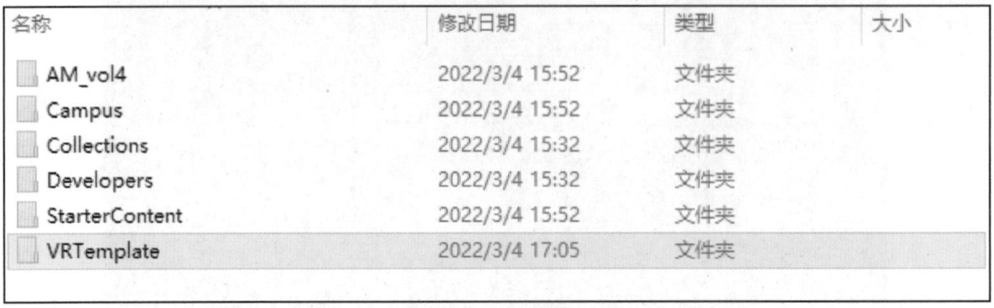

名称	修改日期	类型	大小
AM_vol4	2022/3/4 15:52	文件夹	
Campus	2022/3/4 15:52	文件夹	
Collections	2022/3/4 15:32	文件夹	
Developers	2022/3/4 15:32	文件夹	
StarterContent	2022/3/4 15:52	文件夹	
VRTemplate	2022/3/4 17:05	文件夹	

图 3.13　传送资源

然后构建好文件结构，以便后期进行资产管理，文件结构如图 3.14 所示。其中 Blueprints 用于存放蓝图资产，Textures 用于存放贴图资产，UMG 用于存放 UI 资产。

图 3.14　文件结构

将资源文件夹下 UI 文件夹中的图片导入内容浏览器 OnlineCampus 目录下的 Textures 文件夹中，如图 3.15 所示。

图 3.15　图片导入

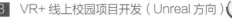

任务 3.3　搭建 Unreal Engine VR 开发环境

■ 任务目标

（1）完成加载 Unreal Engine 的 VR 插件，接入 VR 设备。

（2）创建 VR 角色和虚拟手柄。

（3）手柄按键交互，通过手柄按键实现控制角色转向和传送的功能。

■ 任务分析

本项目开发采用的 VR 设备是 HTC VIVE COSMOS，需要先加载 Unreal Engine 的 VR 插件，实现 VR 设备的接入，然后创建 VR 角色，编写手柄生成代码，再在引擎的输入映射中关联手柄按键，实现角色转向和传送功能。

任务实施

步骤 1　加载 VR 插件，接入 VR 设备。

Unreal Engine 在其插件模块中集成了很多常用的插件，要加载 VR 插件，直接在引擎的插件界面启用 SteamVR 插件即可，具体操作如下。

（1）在菜单栏选择 Edit（编辑）下的 Plugins（插件），打开插件界面（见图 3.4）。

（2）在插件界面的搜索栏中输入 SteamVR，找到后勾选 Enabled，然后重启工程项目即可（见图 3.16）。

根据 VR 设备的说明，将 VR 设备连接到计算机后，完成基础设置后，将在引擎的关卡编辑器工具栏中的 Play（播放）按钮旁下拉列表中看到，选择播放模式中的 VR Preview（VR 预览）（见图 3.17），这说明 VR 设备接入成功。

如果 VR Preview（VR 预览）不可选择，则说明 VR 设备接入失败，可重启工程项目，查看插件加载是否错误，重新设置 VR 设备。

VR 设备接入成功后，需要先测试一下，选择 VR Preview 模式进行播放。戴上 VR 头显后，将能身临其境地进入到场景中，但只能通过现实中的走动在虚拟场景中进行移动游览，无法通过手柄在场景中进行交互，接下来就要去实现手柄的接入和交互。

图 3.16　启用 SteamVR 插件

步骤 2　创建 VR 角色和虚拟手柄。

创建 VR 角色前，先要在内容浏览器中构建好文件结构，创建一个 Player 文件夹用来放置 VR 角色蓝图（见图 3.18），方便后期对资产进行管理。

图 3.17　VR 预览

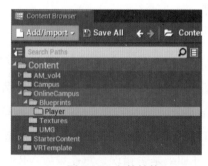

图 3.18　文件结构

接下来，在 Player 文件夹下创建一个继承自 Pawn 类的蓝图类，命名为 BP_VRPawn，（见图 3.19）。

双击打开 BP_VRPawn 蓝图类，在 Components（组件）栏单击 Add Component（添加组件）下拉列表，将一个 Camera（摄像机）、两个 MotionController（运动控制器）组件添加到 DefaultSceneRoot（默认场景根）组件下，其中，两个 MotionController（运动控

制器）组件用来模拟手柄，分别命名为 MotionControllerLeft 和 MotionControllerRight（见图 3.20 ）。

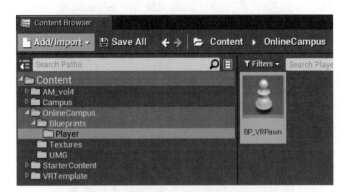

图 3.19　VR 角色

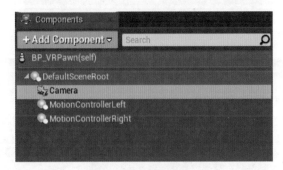

图 3.20　添加组件

要将 MotionController 和现实中 VR 手柄相关联，分别在 MotionControllerLeft 和 MotionControllerRight 组件的细节面板中，将 Motion Source（运动源）设置为 Left 和 Right（见图 3.21 ），使用 MotionControllerLeft 组件来模拟 VR 左手柄，使用 MotionControllerRight 组件来模拟 VR 右手柄。

图 3.21　设置 Motion Source

关联后，需要在场景中显示 VR 手柄模型，这里使用引擎自带的手柄模型，在内容浏览器右下角单击 View Options（视图选项），勾选 Show Engine Content（显示引擎内容）（见图 3.22 ），然后在文件列表中选中 Engine Content（引擎内容）文件夹，搜索 OculusControllerMesh（见图 3.23 ）。

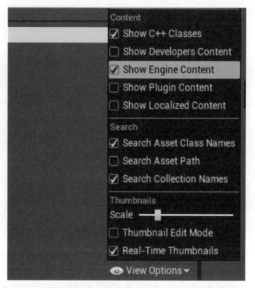

图 3.22　显示引擎内容

图 3.23　搜索手柄模型

在 BP_VRPawn 蓝图类 MotionControllerLeft 和 MotionControllerRight 的组件细节面板中勾选 Display Device Model（显示设备模型）参数，并且将 Display Model Source（显示模型源）参数设置为 Custom（自定义），之后将搜索到的 OculusControllerMesh 模型设置给 Custom Display Mesh（自定义显示网格体）参数（见图 3.24）。

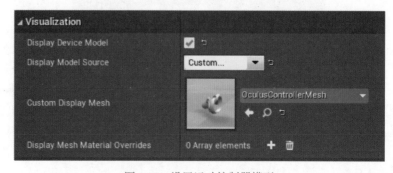

图 3.24　设置运动控制器模型

步骤 3　创建游戏模式。

完成以上步骤后，在内容浏览器 DigitalGarden/Blueprints 文件夹下创建继承自 Game Mode Base 类的蓝图类（见图 3.25），命名为 BP_GameMode（见图 3.26）。

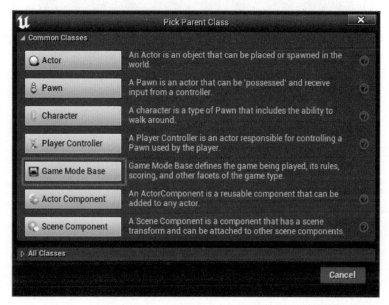

图 3.25　创建 Game Mode Base

图 3.26　创建游戏模式

然后将 BP_GameMode 蓝图类设置给关卡编辑器右下角 World Settings（意为世界设置。注意，若没有该面板，可在关卡编辑器工具栏 Settings 按钮下单击 World Settings 打开面板）面板中 GameMode Override（游戏模式重载）参数，最后在该参数下的 Selected GameMode（选中的游戏模式）中将 Default Pawn Class 设置为 BP_VRPawn（见图 3.27）。

设置完成后进行一次测试，启动 VR Preview（VR 预览），激活 VR 手柄，将能在场景中看到手柄模型，并随着现实中手柄的移动而移动。

图 3.27　注册角色

步骤 4　角色转向和传送。

在实现角色转向和传送功能前，需要先通过代码调整 VR 角色的位置，打开 BP_VRPawn 蓝图类，具体实现代码如图 3.28 所示。

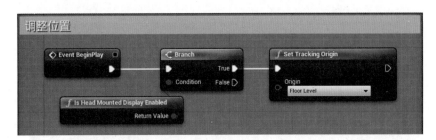

图 3.28　调整位置

然后在 Project Settings（项目设置）的 Input（输入）中根据所使用的 VR 设备设置关联 VR 手柄按钮的 Axis Mappings（轴映射）。

这里使用的 VR 设备是 HTC VIVE COSMOS，设置左右手柄摇杆 X 来控制角色旋转，手柄摇杆 Y 来控制传送，为了使项目适应更多 VR 设备操作，Axis Mappings（轴映射）设置如图 3.29 所示。

接下来，打开 BP_VRPawn 蓝图类，实现角色旋转，具体实现代码如图 3.30 所示。

在实现传送功能前，先在 BP_VRPawn 蓝图组件栏中添加 Niagara Particle System（Niagara 粒子系统）组件，用于显示传送前选择位置时的效果，命名为 TeleportNiagaraSystem（见图 3.31）。然后在该组件的细节面板中找到 Niagara System Asset（Niagara 系统资产）参数，将之前导入的传送特效资产 NS_TeleportTrace 设置给该参数（见图 3.32），并在该组件的细节面板中将参数 Visible（可视）的对勾去掉，即设置为 False，使组件初始时隐藏在场景中。

图 3.29　轴映射设置

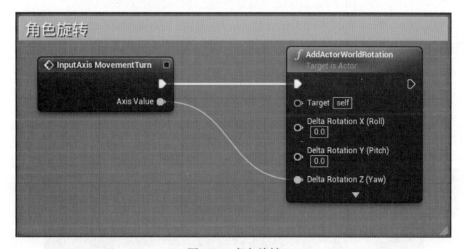

图 3.30　角色旋转

图 3.31 TeleportNiagraSystem 组件

图 3.32 设置传送特效

接下来，在内容浏览器 Blueprints（蓝图）文件夹下创建一个继承 Actor 类的蓝图类，命名为 BP_VRTeleport，用于传送前在指定要传送的位置标记效果。

创建完成后，打开 BP_VRTeleport 蓝图，添加两个 Niagara Particle System（Niagara 粒子系统）组件，分别命名为 NS_PlayAreaBounds、NS_TeleportRing（见图 3.33）。

图 3.33 设置传送位置特效

　　然后在两个组件的细节面板中，将 NS_TeleportRing 组件的 Niagara System Asset（Niagara 系统资产）参数设置给 NS_TeleportRing 资产，将 NS_PlayAreaBounds 组件的 Niagara System Asset（Niagara 系统资产）参数设置给 NS_PlayAreaBounds 资产。设置完成后，效果如图 3.34 所示。

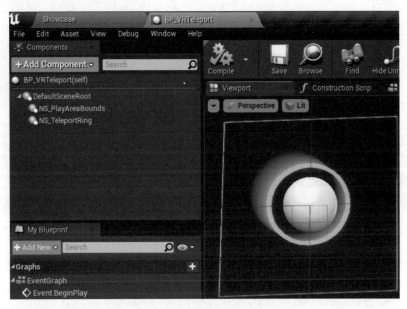

图 3.34　传送位置特效

　　接下来，通过代码设置 BP_VRTeleport 蓝图类中 NS_PlayAreaBounds 组件的变量（见图 3.35）以及相对位置和旋转（见图 3.36）。

图 3.35　设置 Niagara 变量

　　完成之后，打开 BP_VRPawn 蓝图类，编写传送功能，先创建 Start Teleport Trace 函数，用于实现开始传送跟踪功能，具体蓝图代码如图 3.37 所示。

　　其中 b Teleport Trace Active 变量为蓝图 Bool（布尔）类型的成员变量，用于判断是否激活传送跟踪；Teleport Niagara System 变量为蓝图中 Teleport Niagara System 组件的引用；Teleport Visualizer Reference 变量为蓝图 BP_VRTeleport 类型的引用，用于存储创建好的 BP_VRTeleport 蓝图类的引用。

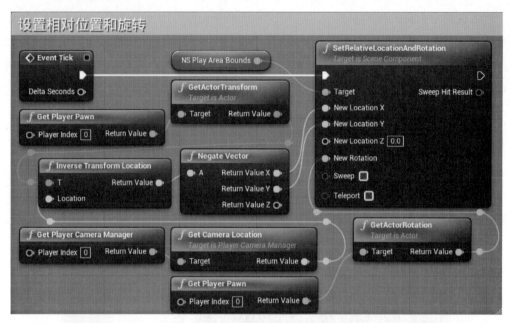

图 3.36　设置相对位置和旋转

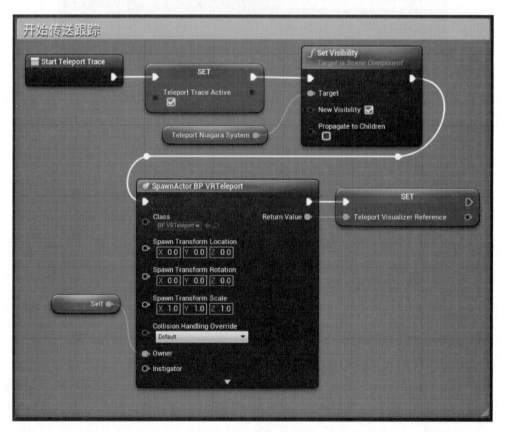

图 3.37　开始传送跟踪

接下来，创建 Teleport Trace 函数，用于传送跟踪，绘制传送抛射弧和追踪传送位置，具体蓝图代码如图 3.38 所示。

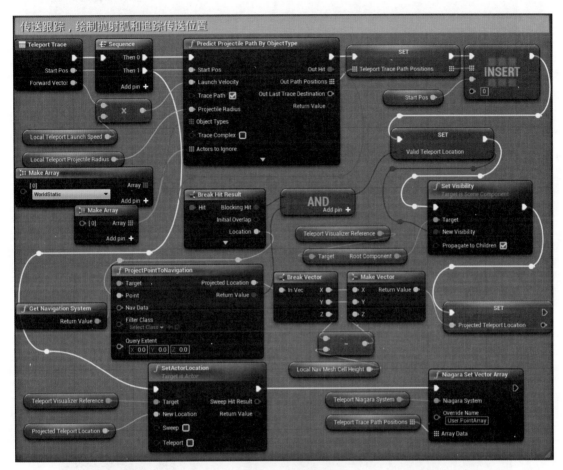

图 3.38　传送跟踪

其中，Local Teleport Launch Speed 变量为函数 Float（浮点）类型的局部变量，用于设置传送弧线的发射速度，默认值设置为 650；Local Teleport Projectile Radius 变量为函数 Float（浮点）类型的局部变量，用于设置弹射半径，默认值设置为 3.6。

Teleport Trace Path Positions 变量为蓝图 Vector（向量）数组类型的成员变量，用于存储传送跟踪路径位置；Start Pos 变量为函数传入的 Vector（向量）类型的参数；b Valid Teleport Location 变量为蓝图 Bool（布尔）类型的成员变量，用于判断传送的位置是否有效。

Teleport Visualizer Reference 变量为蓝图 BP_VRTeleport 类型的引用；Local Nav Mesh Cell Height 变量为函数 Float（浮点）类型的局部变量，用于设置导航网格体的高度；Projected Teleport Location 变量为蓝图 Vector（向量）类型的成员变量，用于存储将要传送的位置。

创建 End Teleport Trace 函数，用于结束传送跟踪，具体蓝图代码如图 3.39 所示。

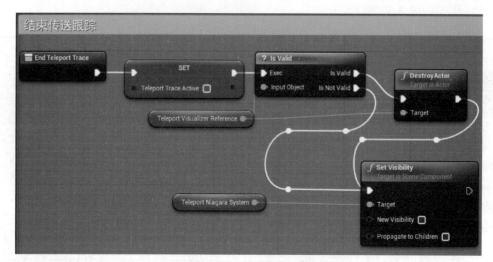

图 3.39　结束传送跟踪

其中，b Teleport Trace Active 变量为蓝图 Bool（布尔）类型的成员变量，用于判断是否激活传送跟踪；Teleport Visualizer Reference 变量为蓝图 BP_VRTeleport 类型的引用；Teleport Niagara System 变量为蓝图中 Teleport Niagara System 组件的引用。

创建 Try Teleport 函数，用于尝试角色传送，具体蓝图代码如图 3.40 所示。

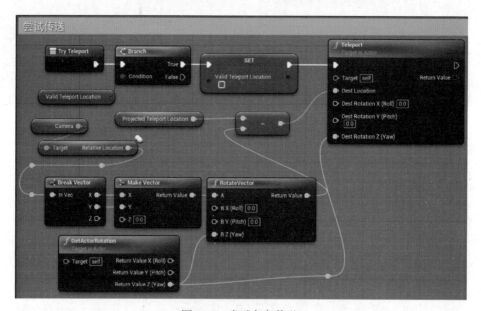

图 3.40　尝试角色传送

其中，b Valid Teleport Location 变量为蓝图 Bool（布尔）类型的成员变量，用于判断传送的位置是否有效；Projected Teleport Location 变量为蓝图 Vector（向量）类型的成员变量，存储了传送的位置。

完成后，通过右手柄实现角色传送功能，具体蓝图代码如图 3.41 所示。

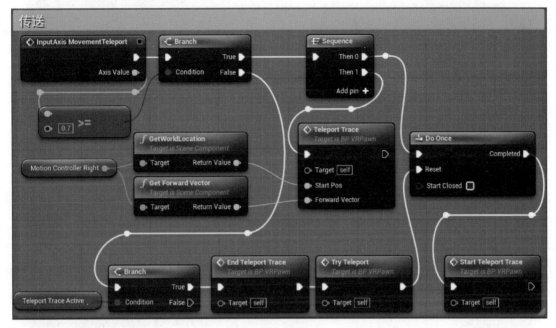

图 3.41 传送

最后设置导航网格体，打开关卡编辑器界面，在 Place Actors（放置 actor）栏 Volumes（体积）列表中，将 Nav Mesh Bounds Volume（导航网格体边界体积）移动到场景中（见图 3.42），并将其覆盖可行走范围（见图 3.43），等待导航网格体构建完成后，选择导航网格体，按键盘 P 键，可传送位置将被绿色覆盖（见图 3.44）。

图 3.42 导航网格体边界体积

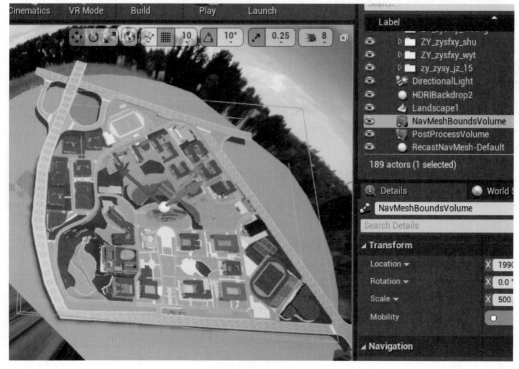

图 3.43　覆盖可行走范围

图 3.44　可传送位置

之后查看地图中需要传送的位置是否被绿色范围覆盖，或覆盖的区域不合理，若有，则该区域没有碰撞或碰撞有问题，调整或添加该区域模型的碰撞即可。

选择场景中碰撞有问题的模型，在细节面板中找到 Static Mesh（静态网格体），如图 3.45 所示。双击打开静态网格体编辑器，如图 3.46 所示。

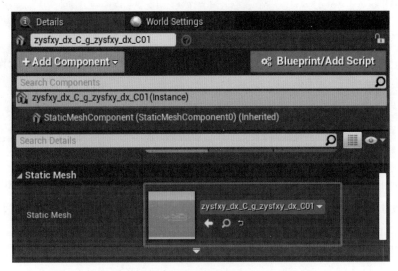

图 3.45　静态网格体

图 3.46　静态网格体编辑器

选择 Collision（碰撞），勾选 Simple Collision（简单碰撞），将在场景中显示碰撞框（见图 3.47）。

图 3.47　显示碰撞框

如果碰撞框不合理，可在菜单栏选择 Collision（碰撞），单击 Remove Collision（移除碰撞），如图 3.48 所示，然后添加合适的碰撞框，将可行走位置框住，若模型过于复杂，可单击 Use Complex Collision As Simple（使用复杂碰撞），如图 3.49 所示。

将场景中不合理碰撞一一调整完成后，进行功能测试，以 VR Preview（VR 预览）模式运行项目，通过右手柄摇杆可实现传送，左手柄摇杆可实现左右旋转（见图 3.50）。

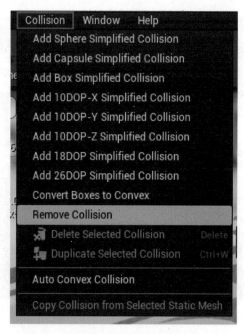

图 3.48　移除碰撞框

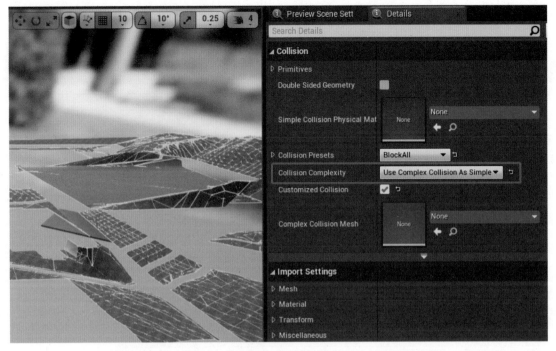

图 3.49 复杂碰撞

图 3.50 传送测试

任务 3.4 校园场景漫游

■ **任务目标**

（1）添加摄像机及完成摄像机轨道的构建。

（2）添加序列及完成关键帧的制作。

（3）实现固定路径的场景漫游。

■ **任务分析**

实现固定路径的校园场景漫游，需要添加摄像机和摄像机轨道，先进行摄像机轨道构建，将摄像机轨道覆盖整个校园，使得能够通过该路径快速对整个校园有一个全面的游览。添加序列，完成关键帧的制作，播放序列时，摄像机沿着摄像机轨道移动。最后可通过代码对该序列进行播放控制，完成场景漫游的实现。

任务实施

步骤 1　添加摄像机及构建摄像机轨道。

先在关卡编辑器 Place Actors（放置 Actors）栏目 Cinematic（过场动画）分类中找到 Camera Rig Rail（摄像机绑定滑轨）和 Cine Camera Actor（电影摄像机 actor），如图 3.51 所示。

图 3.51　摄像机与轨道

将 Camera Rig Rail（摄像机绑定滑轨）和 Cine Camera Actor（电影摄像机 actor）分别拖曳到场景中（见图 3.52）。

图 3.52　拖曳到场景中

在世界大纲中，将 Cine Camera Actor（电影摄像机 Actor）依附在 Camera Rig Rail（摄像机绑定滑轨）上（见图 3.53），并且将摄像机的位置设置为（0，0，0），即在 Camera Rig Rail（摄像机绑定滑轨）的起始点。

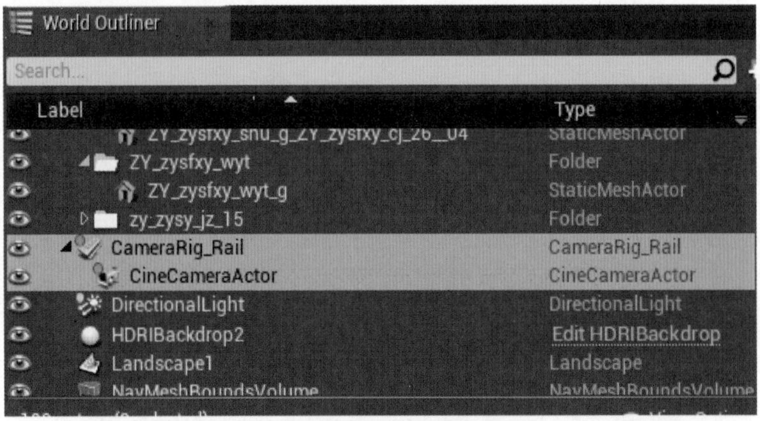

图 3.53　相机与轨道

接下来开始构建 Camera Rig Rail（摄像机绑定滑轨）路径，使摄像机沿着该路径能够游览整个校园场景。

选中场景中 Camera Rig Rail 上的样条线节点，可以拖动和旋转该节点，对滑轨进行延长缩短、弯曲（见图 3.54）。

样条线单条线段是无法构建出所需漫游路径的，需要添加新的样条线线段对滑轨路径进行构建。

选中样条线上的最后一个节点，右击，选择 Duplicate Spline Point（复制样条点），如图 3.55 所示，便可新增一条样条线线段，也可按住键盘 Alt 键，拖动样条线节点的坐标轴，进行快速复制，如图 3.56 所示。

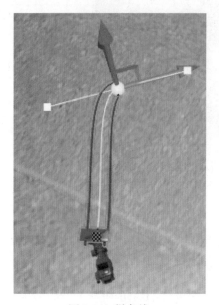

图 3.54　样条线

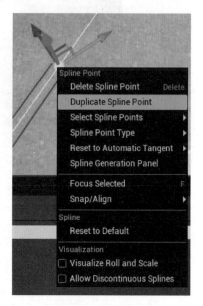

图 3.55　复制样条点

图 3.56　新增样条线线段

按照上述操作，移动和旋转样条点，增加新的样条线线段，在场景中快速地构建一条环绕校园场景的摄像机轨道。

步骤 2 制作关卡序列。

完成以上步骤，开始进行关卡序列的制作。

在关卡编辑器工具栏中，单击 Cinematics（过场动画）按钮，在弹出的下拉列表中，选择 Add Level Sequence（添加关卡序列），如图 3.57 所示。

图 3.57 添加关卡序列

在弹出的保存资产界面，将序列保存在 Online Campus（在线校园）文件夹下，并修改关卡序列的名称为 Level_CampusSequence，以方便对资产进行管理，如图 3.58 所示。

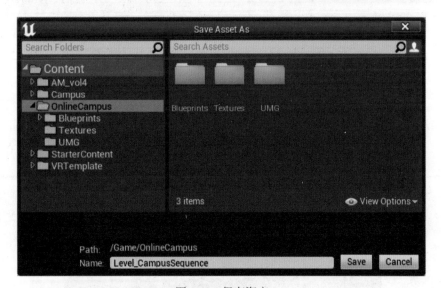

图 3.58 保存资产

保存后，会自动弹出该关卡序列的编辑器面板。

在世界大纲中，选中 Camera Rig Rail（摄像机绑定滑轨）和 Cine Camera Actor（电影摄像机 actor），然后在关卡序列编辑器面板中，将这两个 Actor 添加到序列中，如图 3.59 所示。

接下来，在关卡序列编辑器 CameraRig_Rail 列表下添加 Current Position on Rail（滑轨上的当前位置）属性，如图 3.60 所示。

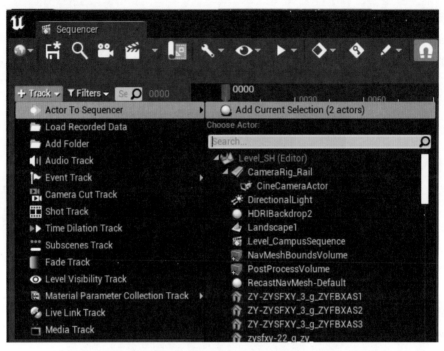

图 3.59 将 Actor 添加到序列

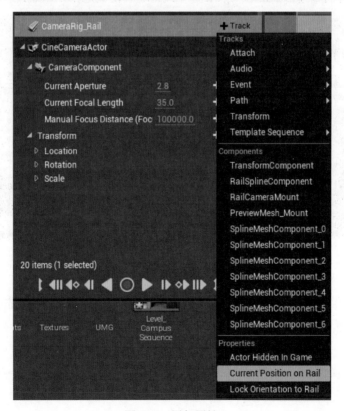

图 3.60 添加属性

添加完成后，给该序列添加关键帧。

在序列起始位置，将 Current Position on Rail（滑轨上的当前位置）属性值设为 0，即为滑轨的起始位置，在该条属性右边单击添加图标，添加序列帧，如图 3.61 所示。

图 3.61　设置起始关键帧

然后，在序列结束位置，将 Current Position on Rail（滑轨上的当前位置）属性值设为 1，即为滑轨的结束位置，在该条属性右边单击添加图标，添加序列帧，如图 3.62 所示。

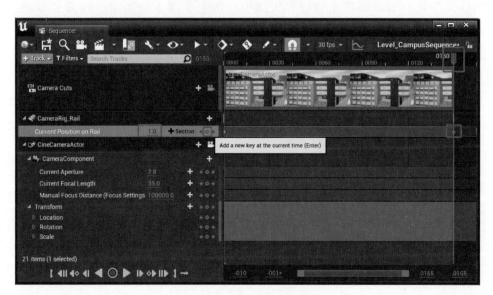

图 3.62　设置结束关键帧

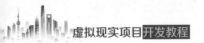

设置完成后，播放序列，关卡编辑器的视口会沿着摄像机轨道进行移动，游览整个校园场景。

不过，该序列呈现效果可能并不如意，可根据以上步骤添加关键帧，并设置序列中的其他属性，对摄像机位置、旋转角度和焦距等进行调整，使该序列能够将校园中的美景完美呈现出来。

步骤3　实现开场漫游。

完成上述步骤后，接下来在关卡蓝图中通过蓝图代码实现开场漫游功能。

首先，在关卡编辑器界面的工具栏中，单击 Blueprints（蓝图）按钮，在下拉列表中选择 Open Level Blueprint（打开关卡蓝图）按钮，如图 3.63 所示。

图 3.63　打开关卡蓝图

然后，在关卡编辑器界面的世界大纲中，选中步骤 2 中制作好的关卡序列 Level_CampusSequence，如图 3.64 所示。

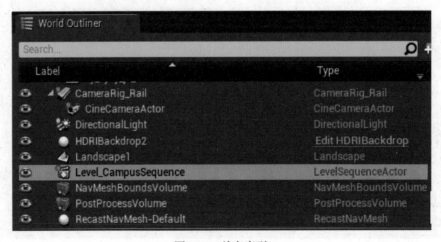

图 3.64　关卡序列

回到关卡蓝图界面，创建 Level_CampusSequence 关卡序列引用，如图 3.65 所示。

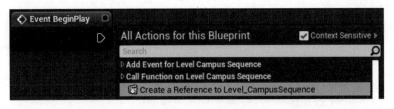

图 3.65　关卡序列引用

使用该关卡序列引用实现开场漫游功能，具体蓝图代码如图 3.66 所示。

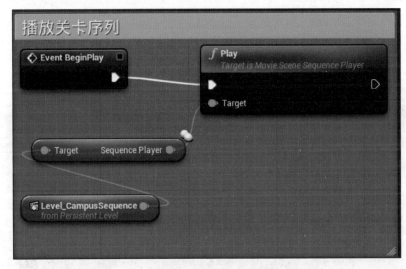

图 3.66　播放关卡序列

完成上述步骤后进行测试。

戴上 VR 设备，运行 VR 预览模式，当启动工程后，VR 视角将会沿着设置好的摄像机轨道进行场景漫游。

任务 3.5　UI 搭建和手柄交互

■ 任务目标

（1）根据需求完成 UI 的搭建。

（2）实现 VR 手柄和 UI 的交互。

（3）实现漫游功能。

（4）实现定位传送。

（5）实现校园简介。

■ 任务分析

根据需求分析，搭建 UI 界面，完成校园简介、定位传送以及漫游功能。

实现 VR 手柄和 UI 交互，先添加 Widget Interaction（控件交互）组件，该组件自带射线系统，可通过该组件来模拟鼠标点击事件和 UI 进行交互。

任务实施

步骤 1 UI 搭建。

在 Online Campus（在线校园）目录下的 UMG 文件夹中，创建 Widget Blueprint（控件蓝图），如图 3.67 所示。

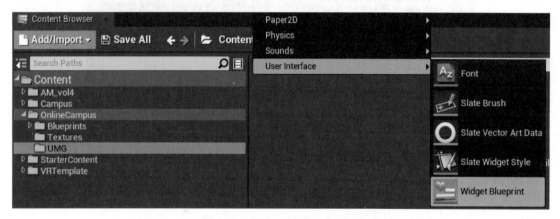

图 3.67 创建 Widget Blueprint

将创建的 Widget Blueprint（控件蓝图）命名为 UI_Button，用于作为按钮的自定义控件。

打开 UI_Button 控件蓝图，在 UMG 编辑器界面搭建 UI，其中控件层级如图 3.68 所示，界面设计效果如图 3.69 所示。

接下来，选中按钮控件，修改按钮样式，效果如图 3.70 所示。

图 3.68 控件层级

图 3.69　控件效果

图 3.70　按钮样式

完成 UI 界面搭建后，切换到 UI 图表界面，在图表中创建一个 Text 类型变量，命名为 Button Name，用于接收按钮名称，并将该变量细节面板中的参数 Instance Editable（可编译实例）设置为真，默认值设置为"按钮名称"，如图 3.71 所示。

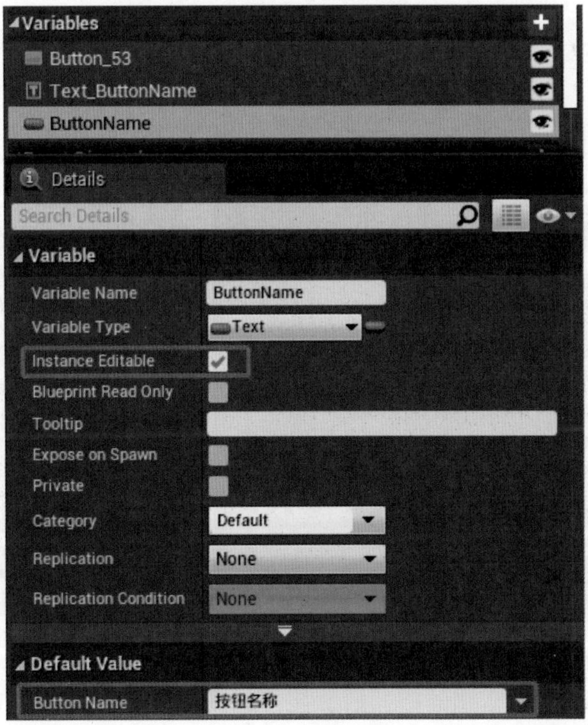

图 3.71　创建变量

在 Event Pre Construct（事件预构造）中，实现蓝图代码如图 3.72 所示。使 UI 界面构建时，将 Button Name 变量的值设置给 Text 控件，并设置按钮名称。

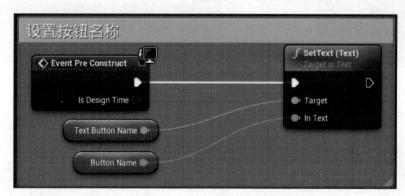

图 3.72　设置按钮名称

创建一个 Event Dispatchers（事件分发器），命名为 ED_ButtonClick，当按钮按下时触发该事件分发器，如图 3.73 所示。

图 3.73　按钮按下事件

完成 UI_Button 控件蓝图的搭建后，继续在 UMG 文件夹中，创建一个 Widget Blueprint（控件蓝图），命名为 UI_Introduce，用于校园简介。打开 UI_Introduce 控件蓝图，根据需求搭建 UI，其中控件层级如图 3.74 所示，UI 效果如图 3.75 所示。

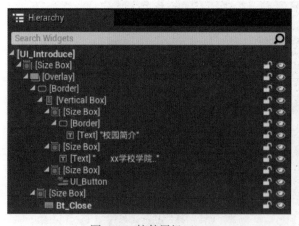

图 3.74　控件层级

图 3.75　UI 效果

完成 UI_Introduce 控件蓝图的搭建后，接下来需要搭建传送界面 UI，在 UMG 文件夹中，创建一个 Widget Blueprint（控件蓝图），命名为 UI_Delivery。

打开 UI_Delivery 控件蓝图，根据需求搭建 UI，其中控件层级如图 3.76 所示，UI 效果如图 3.77 所示。

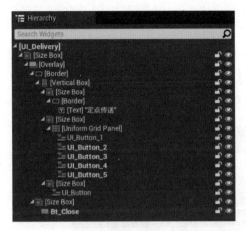

图 3.76　控件层级

图 3.77　UI 效果

完成上述 UI 子界面搭建后，进行 UI 主界面搭建，在 UMG 文件夹中，创建一个 Widget Blueprint（控件蓝图），命名为 UI_Main，如图 3.78 所示。

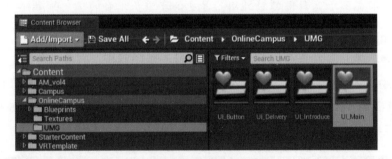

图 3.78　UI_Main

打开 UI_Main 控件蓝图，根据需求搭建 UI，其中控件层级如图 3.79 所示，UI 效果如图 3.80 所示。

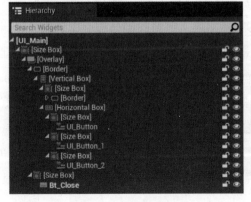

图 3.79　控件层级

图 3.80　UI 效果

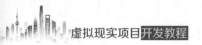

完成 UI_Main 控件蓝图界面的搭建后，将所需求的所有 UI 界面搭建完毕，接下来，就需要去完善 UI 界面的功能。

步骤2　3D UI 使用与功能完善。

在继续完善 UI 功能之前，需要先添加 3D UI 控件。

在内容浏览器 Online Campus 目录下，Blueprints 文件夹的 Player 文件夹中，打开 BP_VRPawn 蓝图类，找到在 Components（组件）栏中的 Camera（摄像机）组件，在该组件下添加 Widget（控件）组件，如图 3.81 所示。

图 3.81　控件

选中 Widget（控件）组件，在 Widget（控件）组件的细节面板中，将 UI_Main 控件蓝图类设置给 Widget Class（控件类）参数，并将 UI_Main 控件蓝图的 UI 尺寸设置给 Draw Size（绘制大小）参数，之后再设置 Geometry Mode（几何体模式）参数为 Cylinder（圆柱体）和 Cylinder Arc Angle（圆柱体弧形角度）参数为 45，使 3D UI 在场景中以弧形显示，如图 3.82 所示。

User Interface	
Space	World
Timing Policy	Real Time
Widget Class	UI_Main
Draw Size	X 680　Y 280
Manually Redraw	
Redraw Time	0.0
Draw at Desired Size	
Pivot	X 0.5　Y 0.5
Geometry Mode	Cylinder
Cylinder Arc Angle	45.0
Tick Mode	Enabled

图 3.82　控件参数

接着调整 Widget（控件）组件的位置和朝向，将其移动到 Camera（摄像机）组件的正前方，并使其正方向朝向摄像机，因此 Widget（控件）组件细节面板中 Transform（变换）参数如图 3.83 所示。

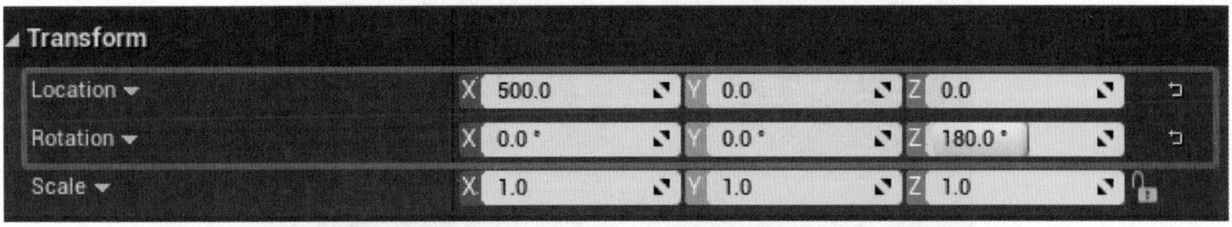

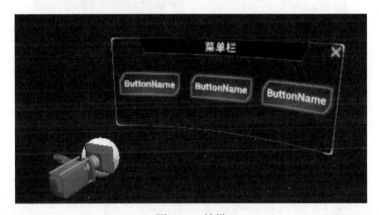

图 3.83 Transform（变换）参数

设置完成后，效果如图 3.84 所示。

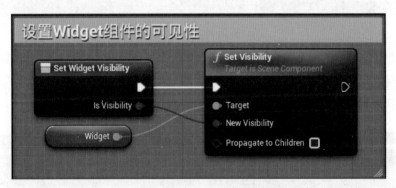

图 3.84 效果

接下来，在 BP_VRPawn 蓝图中创建一个函数，命名为 Set Widget Visibility，用于设置 3D UI 的显示和隐藏，具体蓝图代码如图 3.85 所示。

其中，Widget 引用是 BP_VRPawn 蓝图类组件栏中的 Widget 组件。

图 3.85 Set Widget Visibility 函数

创建完成后，接着在 BP_VRPawn 蓝图中创建一个函数，命名为 Set Widget Info，用于设置 Widget（控件）组件信息，切换 UI 使用，具体蓝图代码如图 3.86 所示。

其中，函数输入参数，Widget 变量类型是 User Widget，Size 变量类型是 Vector 2D。

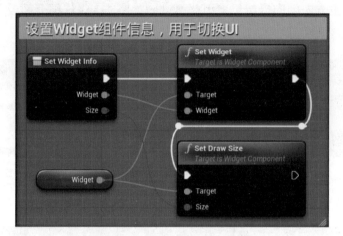

图 3.86　Set Widget Info 函数

接下来，开始完善 UI 的功能。

在内容浏览器 Online Campus 目录下，UMG 文件夹中，打开 UI_Main 控件蓝图类，首先完善 Bt_Close 按钮功能，在 UI_Main 控件蓝图类的 Hierarchy（层级）栏中，选中该按钮，然后在细节面板中找到 On Pressed 事件，单击右边"+"号，跳转到事件图表中。

接下来，要实现关闭 UI 功能，具体蓝图代码如图 3.87 所示。

图 3.87　关闭 UI

然后是场景漫游按钮功能，在 UI_Main 控件蓝图类的 Hierarchy（层级）栏中，选择 UI_Button 控件后，在细节面板中找到 ED Button Click 事件，单击右边"+"号，如图 3.88 所示，跳转到事件图表中，编写代码实现功能，具体蓝图代码如图 3.89 所示。

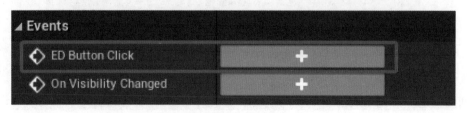

图 3.88　事件

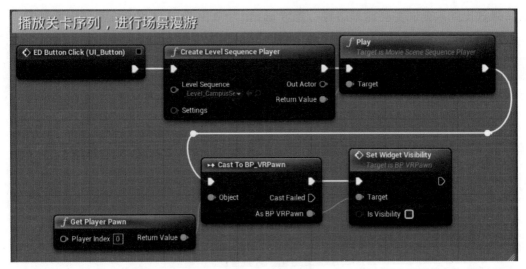

图 3.89　场景漫游

完善校园简介按钮功能，在 UI_Main 控件蓝图类的 Hierarchy（层级）栏中，选择 UI_Button_1 控件后，在细节面板中找到 ED Button Click 事件，单击右边"+"号，跳转到事件图表中，编写代码实现功能，具体蓝图代码如图 3.90 所示。

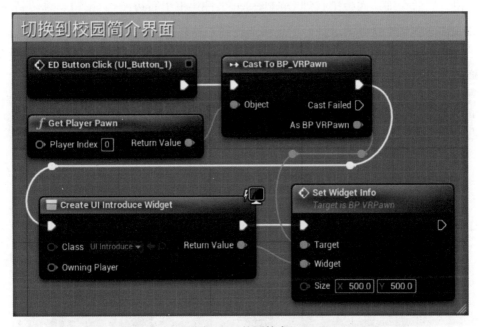

图 3.90　校园简介

而后是定点传送按钮功能，在 UI_Main 控件蓝图类的 Hierarchy（层级）栏中，选择 UI_Button_2 控件后，在细节面板中找到 ED Button Click 事件，单击右边"+"按钮，跳转到事件图表中，编写代码实现功能，具体蓝图代码如图 3.91 所示。

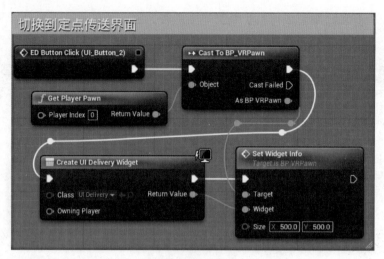

图 3.91 定点传送

完善主界面功能后，接着完善子界面功能。

先是校园简介界面，在内容浏览器 Online Campus 目录下，UMG 文件夹中，打开 UI_Introduce 控件蓝图类。

完善 Bt_Close 按钮功能，在 UI_Introduce 控件蓝图类的 Hierarchy（层级）栏中，选中该按钮，然后在细节面板中找到 On Pressed 事件，单击右边"+"按钮，跳转到事件图表中。

要实现关闭 UI 功能，具体蓝图代码如图 3.87 所示。

接着完善返回按钮功能，在 UI_Introduce 控件蓝图类的 Hierarchy（层级）栏中，选中 UI_Button 按钮，然后在细节面板中找到 ED Button Click 事件，单击右边"+"按钮，跳转到事件图表中。

返回菜单界面，具体蓝图代码如图 3.92 所示。

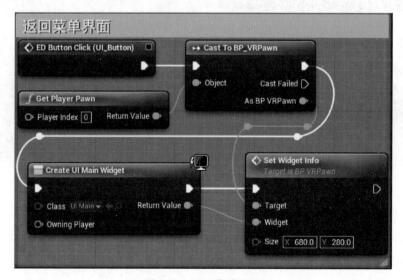

图 3.92 返回菜单界面

完善校园简介界面后，接下来要完善定点传送界面。

打开 UI_Delivery 控件蓝图，先完成返回和关闭按钮功能，蓝图代码与上述校园简介界面返回和关闭按钮功能一致。

然后完善定点传送功能，选中传送按钮，在细节面板中找到 ED Button Click 事件，单击右边"+"按钮，跳转到图表，实现代码如图 3.93 所示，其中 Teleport 函数中 Dest Location 参数为要传送的位置，Dest Rotation 参数为传送后角色的旋转角度。

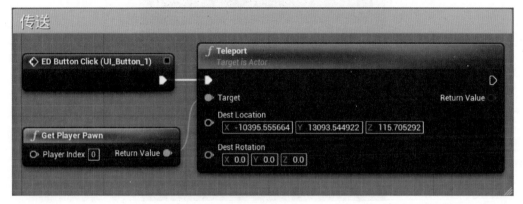

图 3.93　传送

根据上述方法，将传送按钮功能逐一实现。

至此，UI 功能全部完善，接下来要实现 VR 手柄和 UI 的交互。

步骤 3　VR 手柄和 UI 的交互。

要实现 VR 手柄和 UI 的交互，需要先添加射线系统。

打开 BP_VRPawn 蓝图类，在 Components（组件）栏中的 Motion Controller Right 组件下添加一个 Widget Interaction（控件交互）组件，如图 3.94 所示，选中该组件，在细节面板中，将 Interaction Distance 值设为 600，并将 Show Debug（显示调试）设置为真、Visible（可视）默认值设置为假，如图 3.95 所示。

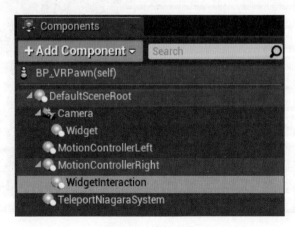

图 3.94　控件交互

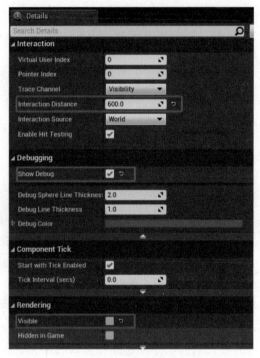

图 3.95　控件交互组件参数

接下来，在项目设置界面中添加三个 Action Mappings（操作映射），如图 3.96 所示。其中，Show Hide Menu 用于显示隐藏 UI 界面，Show Hide Widget Interaction 用于显示隐藏射线，Trigger 用于单击 3D UI 按钮。

图 3.96　添加操作映射

首先，创建完操作映射后，打开 BP_VRPawn 蓝图类，使用 Show Hide Menu 操作输入事件，编写显示隐藏 UI 功能，具体蓝图代码如图 3.97 所示。

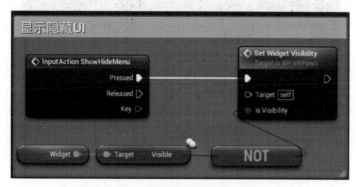

图 3.97　编写显示隐藏 UI 功能

其次，编写显示隐藏射线功能，具体蓝图代码如图 3.98 所示。

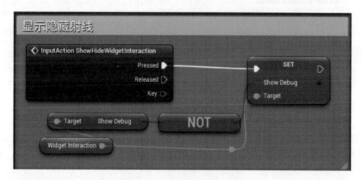

图 3.98　显示隐藏射线

最后，与 UI 进行交互，即通过手柄按键模拟鼠标点击效果，具体实现蓝图代码如图 3.99 所示。

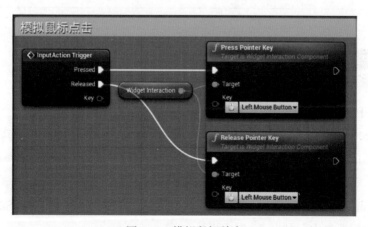

图 3.99　模拟鼠标单击

编写完成后，进行测试，效果如图 3.100 所示。

图 3.100　测试效果

任务 3.6　VR+ 线上校园项目打包测试

■ 任务目标

（1）配置打包环境。

（2）打包测试。

■ 任务分析

　　项目功能开发完成，下一步就需要打包成 Windows 下可执行文件进行测试。首先需要配置 Windows 打包环境，然后进行打包，最后穿戴 VR 设备测试项目运行结果。检查项目是否存在 Bug，若存在 Bug，修复后再次打包，直到项目流畅运行。

任务实施

　　步骤 1　打包环境配置。

　　打开 Project Settings（项目设置）界面，在 Maps & Modes（地图和模式）栏下，设置 Game Default Map（游戏默认地图），本项目将游戏默认地图设置成 Level_SH，如图 3.101 所示。打包后，项目运行显示的地图场景是 Level_SH。

　　设置玩家起始点，在 Place Actors（放置 Actors）栏中，找到 Player Start（玩家起始点），将其移动到场景中，如图 3.102 所示。

图 3.101　游戏默认地图

图 3.102　玩家起始点

最后，在关卡编辑器工具栏中，单击 Build（构建），对整个场景进行构建，如图 3.103 所示。

图 3.103　构建

步骤 2　打包测试。

完成以上步骤，开始对项目进行打包（见图 3.104），然后选择打包路径，等待打包完成。

图 3.104　对项目打包

若打包失败，可根据日志中错误提示，找到打包失败原因，修改后重新打包。

最终打包成功后，会在所选择的打包路径下，生成 Windows No Editor 文件夹，在其文件夹中 OnlineCampus.exe 就是 Windows 可执行文件。

接下来，需要添加程序启动参数，让程序可以通过 VR 设备运行。

创建 OnlineCampus.exe 快捷键，在创建的快捷键属性界面目标框中，添加程序启动参数 -vr，如图 3.105 所示。

添加完成后，运行该快捷键，即可使用 VR 设备进行测试。测试功能是否都实现，是否存在 Bug，是否有需要优化的地方。

测试完成后，对所存在问题进行修复，完成以上操作，重新打包，再次进行测试，直到满意为止。

图 3.105　程序启动参数

◆ 项 目 总 结 ◆

　　本项目通过 VR+ 线上校园项目，希望读者了解 VR 项目的开发流程，学会思考问题和对项目需求进行分析，进而学会拆解出项目所需实现的功能，培养良好的开发习惯。

　　本项目教会读者在 Unreal Engine 中进行 VR 开发环境的配置，并能通过 VR 手柄控制角色的短距离实现传送和转向功能；熟悉摄像机绑定轨道的运用以及关卡序列的制作；了解控件组件和控件交互组件的使用，熟悉 VR 手柄和 UI 的交互的实现。

　　最后，能够熟练地配置项目的打包环境，并对项目进行打包测试。

◆ 课 后 习 题 ◆

1. 通过 VR 手柄按键实现角色前后左右移动。

2. 通过 3D UI 实现建筑物简介。

3. 通过 VR 手柄按键，调节射线长度。

4. 尝试通过 VR 手柄实现简单的场景物体交互，如拾取物体等。

5. 尝试在场景中添加人物角色，让其能自动寻路。

6. 尝试寻找 Unreal Engine 4 教室场景，并导入到项目工程中。

7. 尝试实现教室传送功能，进行关卡切换。

8. 尝试在场景中添加音效。

项目4

VR+数字餐厅项目开发（Unity方向）

项目导读

VR+数字餐厅项目是一个综合性项目，里面包含PC端的交互和VR设备端的交互，项目主体是由一个宴会厅来完成所有交互。交互场景旨在帮助参训人员了解中餐厅的功能区域，并能准确识别对应区域，最后在场景里面进行宴席的设计，可针对桌椅、路灯、签到台等道具进行摆放。设计中式风格婚礼宴会厅，还能通过UI展示不同的主视觉（Key Visual, KV）和墙面，以及此项目涉及的技术非常广泛，内容非常丰富，适合虚拟现实、数字媒体或者计算机等专业学生进行项目实训学习。内容涵盖VRSDK的开发、Material的使用、射线检测、背包系统、动画系统、UI系统、物理系统等综合知识点。地面的材质切换，最后通过HTC VIVE观看VR视野下设计好的中餐厅的模样。

学习目标

- 掌握场景设计的技巧，搭建中餐厅场景。
- 掌握 Unity 3D 引擎开发技巧。
- 熟练掌握 UI 界面的搭建与交互。
- 掌握 SteamVR 插件的下载与使用。
- 熟练掌握原型图与流程图的策划。
- 掌握对项目的打包测试。

任务 4.1 VR+ 数字餐厅项目策划与原型设计

VR+数字餐厅开端

■ 任务目标

（1）项目内容流程图编辑。

（2）项目内容原型图编辑。

■ 任务分析

首先对项目需求进行分析，项目功能需求是中式宴会厅的设计，以项目策划为主导，完成项目内功能点，并集合项目内容拓展功能点，使项目具有完整性和流畅性，最终呈现两种展现形式。

任务实施

步骤 1　VR+ 数字餐厅项目流程图编辑。

数字餐厅项目的功能需求是设计一个方形无柱式宴会厅和一个圆形无柱式宴会厅。另外，还要设计签到台（reception）、迎宾通道（welcome channel）、舞台（stage）、VIP 休息室（VIP lounge）、音像控制室（audiovisual control room）、服务台和圆桌（或长条桌）等，学生能够移动进行宴会功能分区的布置。设计两个汉唐风婚宴（红黑色、灰色新中式风）的大场景，包括舞台、T 台、餐桌、服务台、石榴树、绿化、装饰物（喜字、红灯笼）和灯光等，即本环节所有物品都具有主题特色。此外，元素中桌子、餐台都可以重复移动，变成宴会台型，学生可以进行布置。分小组学生根据自己抽中的主题内容，直接选择相应的台型设计，按图 4.1 所示进行布置。

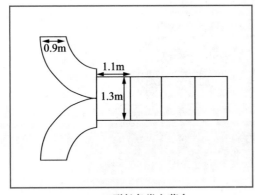

（a）Y形长条类主菜台

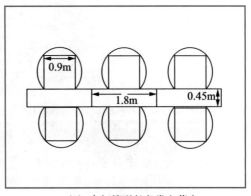

（b）串灯笼形长条类主菜台

图 4.1　台型设计

其中，宴会台席设计原则要符合这些标准：突出主桌；疏密间隔适当；画面协调美观；标识正确清晰，如图 4.2 所示。一般宴席设计空间主要有客人用餐空间、过道和通道、服务辅助空间、绿化装饰空间及宴会活动空间五大区域。用餐空间是面积最大的空间，可以摆放餐台、餐椅供客人就餐休息；过道和通道一般留有主辅通道，方便客人和员工服务操作；服务辅助空间有备餐台、酒水台、签到台、礼品台、贵宾室和衣帽间等；绿化装饰空间一般在厅外两旁、进出口、厅角区域或者隔断处、讲台、舞台、出入口等位置，根据不同的活动配置不同的花卉；宴会活动空间包括庆典礼仪、产品发布、席间表演、乐队演奏、新闻采访和电视转播等活动空间，如图 4.3 所示。

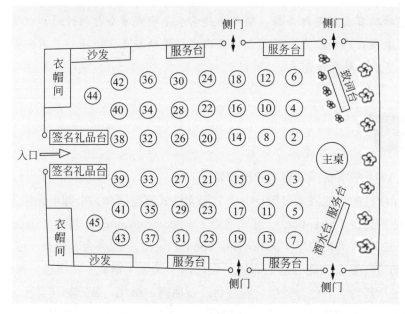

图 4.2　大型宴会设计

图 4.3　宴会功能分区示意图

　　一般情况下在中餐厅设计时，都是以图样形式进行展现，然后按照设计图样进行硬装和软装，当设计不满意时只能再重新设计一次，这样耗费大量人力和物力，我们根据项目中提到的交互知识点进行功能设计。首先考虑的是资源的设计与导入，搜集相关资料进行建模，并设计 UI，然后根据设计策划进行虚拟交互，完成数字餐厅的开发。

　　下面将对数字餐厅的策划内容进行流程分解，在流程图上体现每一步的分工，同时打开脑图进行分析，如图 4.4 所示。

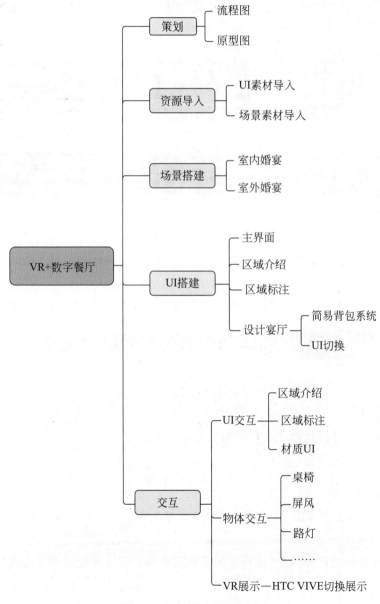

图 4.4　数字餐厅功能分析图

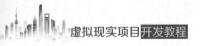

步骤 2　VR+ 数字餐厅项目原型图编辑。

根据流程图分析可以看出，在中式餐厅的交互设计中步骤是十分明确的，需要进行建模、UI 设计等，那么在原型图里面是如何体现的呢？下面将对原型图进行设计，如图 4.5 所示。

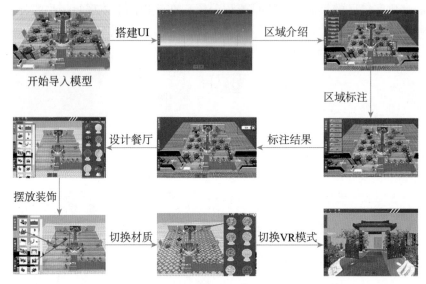

图 4.5　数字餐厅原型图

按照原型图的规划，在开发 VR+ 数字餐厅时需要注意 UI 的布局、模型的位置和交互的方式。

任务 4.2　VR+ 数字餐厅场景搭建和 UI 设计

■ 任务目标

（1）针对项目搭建数字餐厅模型场景。

（2）针对项目对 UI 进行设计。

■ 任务分析

根据任务 4.1 将 VR+ 数字餐厅的项目做了分解，从开始的流程图到最后的原型图对项目的总体开发步骤做了可视化编辑，方便了本任务的进行，本任务主要是将已有模型资源和设计好的 UI 设计在场景中并合理显示，方便后面交互逻辑的实现。

任务实施

步骤 1　VR+ 数字餐厅模型导入并搭建。

VR+ 数字餐厅需要的模型组成主要是一个方形无柱式宴会厅和一个圆形无柱式宴会厅，里面还有各种家具和装饰品，这些模型均由 3ds Max 创建，并导出带有材质的 FBX 格式的模型，然后导入 Unity 3D，如图 4.6 所示。

图 4.6　场景资源导入

检查模型数量和模型对应的参数，然后在 Scene 里面搭建餐厅，命名 wedding。首先设计确定不可动的模型，单独定义一个空物体命名为 DotMoveObj，作为 wedding 的子物体，这些也相当于是搭建餐厅必要的元素，不可改变；然后设计可变内容，例如餐厅里面的桌子摆放的样子、形式、空间都是可以调整的，定义空物体 MainTable，将需要摆放的桌子在餐厅摆放整齐，而实际上从设计上完全可以看出是一个婚礼现场的设计，在这里开发者们可以随意发挥，只要摆放合理就对我们后面的开发没有太大的影响。摆放完毕的显示如图 4.7 所示。

因为数字餐厅还有 VR 模式，说明可以在餐厅内进行观看设计，所以需要把墙和房顶都密封起来，方便后面的设计，如图 4.8 所示。

图 4.7　餐厅模型搭建

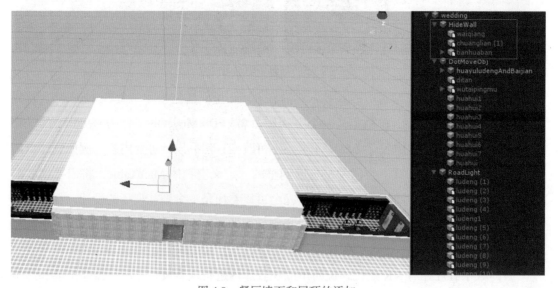

图 4.8　餐厅墙面和屋顶的添加

步骤 2　VR+ 数字餐厅 UI 导入并搭建。

数字餐厅的交互都是依靠 UI 的引导来完成的，下面导入 UI 相关资源来控制，UI 一般情况下都是 UI 设计师通过 Photoshop 设计完成的，图片一般为 PNG 格式，如图 4.9 所示。

根据导入的资源设计 UI 界面，首先添加并设置 Canvas，锁定 Canvas 窗口，使其跟随窗口变化而自适应，如图 4.10 所示。

图 4.9　导入的部分 UI 资源　　　　　　　图 4.10　Canvas 自适应设置

由于项目最终要显示在计算机端，计算机端的分辨率一般都是 1920×1080，所以需要设置 Game 窗口分辨率，如图 4.11 所示。

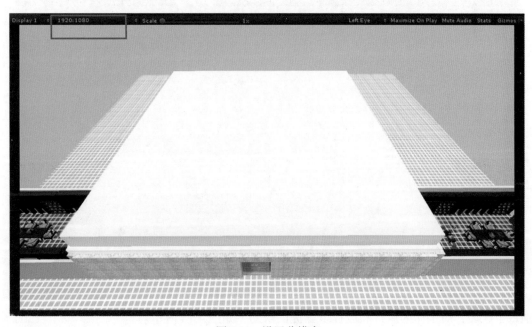

图 4.11　设置分辨率

接下来依次搭建 UI 交互界面，首先考虑的是添加 UI 的抬头，显示一些基础功能，目前对于抬头的基础功能不做交互，只为设计美观，如图 4.12 所示。

图 4.12　UI 抬头添加

根据功能要求添加三个按钮，分别是区域介绍按钮（Area Show Button）、区域标注按钮（Area Set Content Button）和设计餐厅按钮（Area Devise Button），如图 4.13 所示。

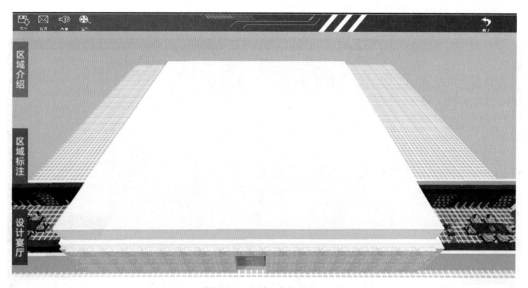

图 4.13　添加功能按钮

区域介绍模块主要内容是对餐厅的每一个区域的标记，让参与设计者熟悉并能快速识别每个区域，对工作的运行和流程步骤提供帮助，如图 4.14 所示。

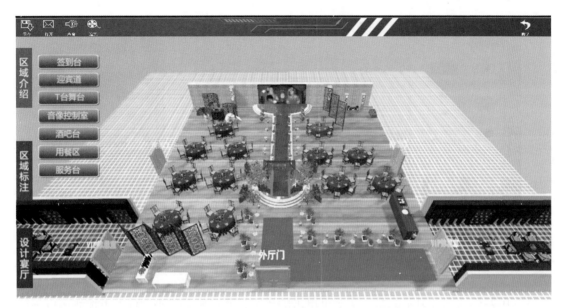

图 4.14　区域介绍模块

区域标注模块是在区域内摆放好对应的区域识别物，然后单击识别物弹出边框左侧 UI，将这一组 UI 创建一个父物体进行管理，并命名 Area Panel，单击 UI 确定当前位置标记是否正确，如图 4.15 所示。

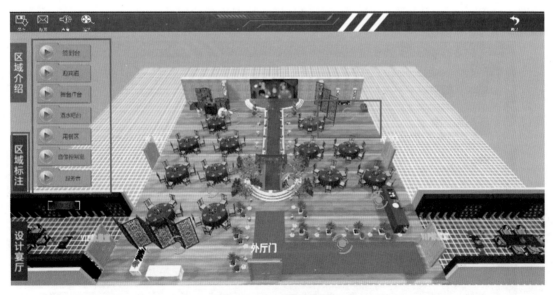

图 4.15　区域标注模块

第三个设计餐厅模块，单击此按钮，需要清空餐厅后再进行设计，通过单击设计餐厅按钮打开对应的 Screen Open Start 下的图片，这些图片都是由按钮组成的，同时外墙皮肤 Changepictures Panel 的设计共计三层材质，外墙、舞台屏幕和地面材质都可以进行切换，如图 4.16 所示。

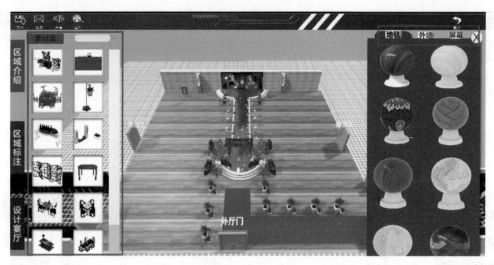

图 4.16　餐厅设计模块

其中左侧的图片显示的是一个个可单击的按钮，通过后面代码设计单击按钮可以生成对应的物体。由于需要加入的物体太多，因此可以把这个界面设计成简单背包系统（步骤3 会讲到如何设计），通过滑动条的拉动可以添加更多的按钮，而右侧的三个按钮也对应着不同的材质贴图，后面代码会把交互内容加上。

添加完物体，可以对物体进行旋转、删除等操作，那么删除按钮的设计也是 UI 设计，如图 4.17 所示，定义删除面板（DelPanel）确定是否删除按钮的物体。

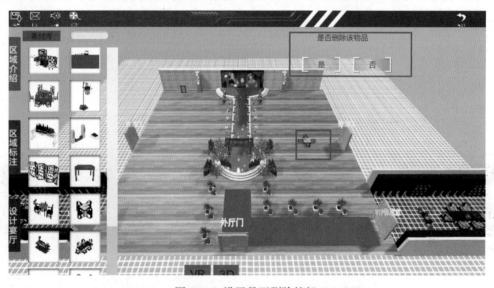

图 4.17　设置是否删除按钮

本项目是 VR+ 数字餐厅，目前设计的内容是 VR 的桌面虚拟现实设计，然后添加按钮，通过虚拟现实设备观看设计的数字餐厅效果，并与区域介绍、区域标注等按钮放在同一个父物体上，父物体命名 VR/3D，如图 4.18 所示。

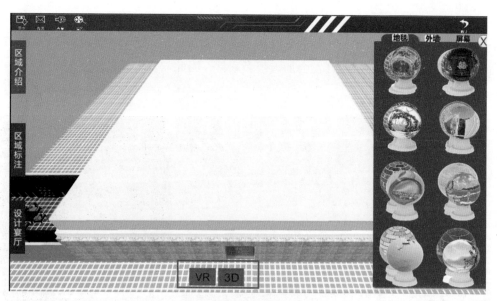

图 4.18 VR 眼镜切换

步骤 3 数字餐厅之设计餐厅模块背包系统的设计。

在做项目的过程中经常遇到在一个场景里需要在多个物体之间进行选择，或者捡到东西后需要存放，这就需要背包来完成。针对数字餐厅的设计，需要一个简单的背包系统来控制所有物体对应 UI 的选择问题。由于界面大小一定，不能遮挡对应的显示物体，所以有些内容可能需要通过滑动条拉动来实现显示。

先设定总体显示区域，添加 Image 名字定义 Screen Open Start，拉动大小范围如图 4.19 所示。

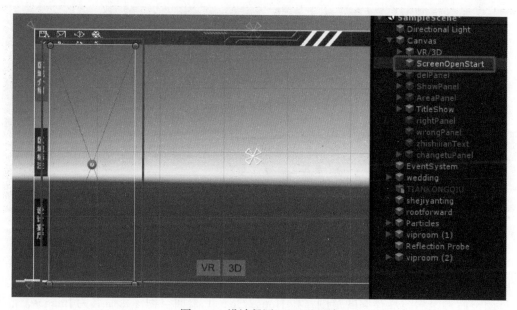

图 4.19 设计餐厅 UI 显示区域

在 Screen Open Start 下面添加两个 Button：一个命名为 Search Button（搜索按钮）；另一个是 House Source Button（房源按钮），然后给它们分别加载对应贴图。这两个按钮可以为后面拓展开发做准备，拓展开发会加入很多家具，因此需要检索功能，而现在只是提前设计好，如图 4.20 所示。

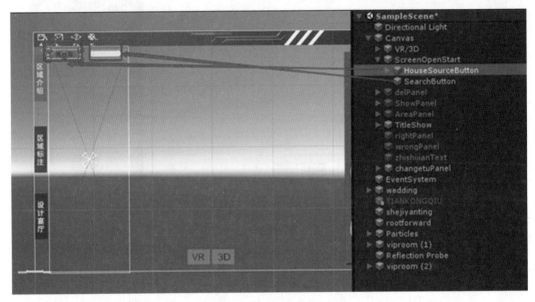

图 4.20　添加搜索按钮

背包可见范围如图 4.21 所示，背包内都是跟家具相关的 UI，所以在 Screen Open Start 里面创建 Image，将其透明度设置为 0，命名 House Gear。

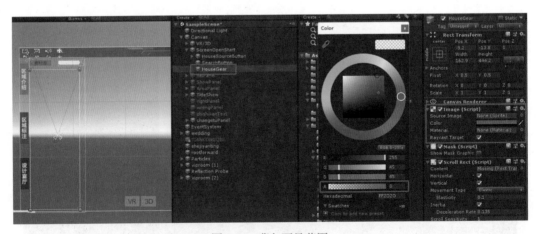

图 4.21　背包可见范围

有了可视范围，再去操作容量范围，换句话说就是图片存储的范围，图片存储在一定空间内并且正好合适才行，一般情况我们先把存储空间尽量做大，方便容纳所有 Image，通过调整后再压缩图片存储的范围，在 House Gear 下添加空物体，命名为 Images，范围大小如图 4.22 所示。

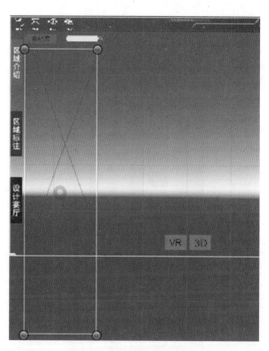

图 4.22　背包的容量

　　背包容量确定后只需要依次添加对应的家具图片即可，那么在添加图片之前需要先布置格子，在格子内添加对应的图片按钮，如图 4.23 所示。

　　现在在每一个格子内都添加一张对应的家具图片，为了方便后面单击图片生成对应的家具。而图片大小要比格子略小，这样有种嵌入感，每张图片都添加 Button 组件，用于事件触发，如图 4.24 所示。

图 4.23　背包内格子布局

图 4.24　背包嵌入图片

　　由于当前有一部分内容超出了边界，需要对内容进行滑动才能在程序运行后看到全部的图片，可以添加滑动条（Scrollbar）带动其滑动，并放在 Screen Open Start 下面，如图 4.25 所示。

图 4.25　添加滑动条

　　虽然添加了滑动条，但怎么让滑动条和里面的图片内容联系起来呢？下面将逐步进行操作，首先把图片等间距排列在 Images 里面，给 Images 添加自动排齐组件（Grid Layout Group），然后对其进行设置，保证间距合理，如图 4.26 所示。

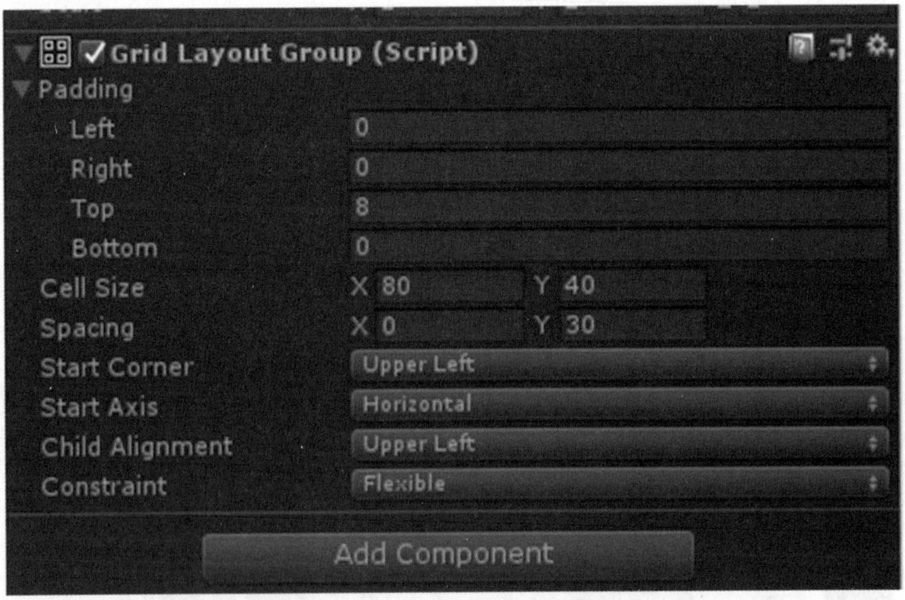

图 4.26　添加自动排齐组件

下一步就是建立这一组图片与滑动条的联系，找到 House Gear，给其添加组件 Scroll Rect（滚动矩形），将 Scrollbar 拖曳到当前 Veitical Scrollbar（垂直滑动条）属性上，如图 4.27 所示。

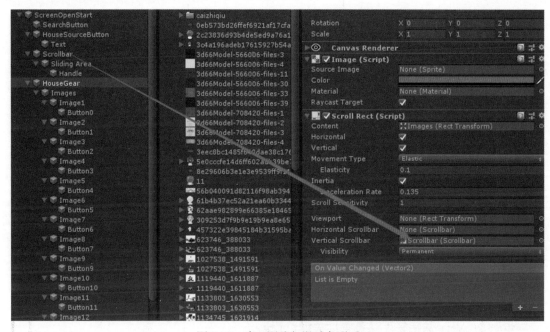

图 4.27　建立图片与滑动条联系

经过测试滑动条移动，图片跟着一起滑动，因此建立了联系，但是会超出边界，覆盖其他的 UI，这不是理想的结果，需要给可视范围添加遮罩，即找到 House Gear 添加 Mask 组件，则 House Gear 边界外就看不到了。示意图如图 4.28 所示。

图 4.28　添加遮罩

再次运行后，简易背包已经完成，有能力的开发者可以自行美化，相信同学们搭建得会更加好看。

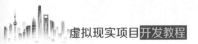

任务 4.3 VR+ 数字餐厅场景之区域介绍

■ 任务目标

（1）通过按钮单击连通地面标志识别。

（2）区域介绍过程中控制摄像机高空漫游。

■ 任务分析

在区域介绍时，主要是分析当前场景里面的内容是否已经齐备，保证场景搭建完善再继续交互开发。首先需要隐藏围墙和屋顶，然后俯视餐厅，这样就可以清晰地看到餐厅整个布局，每个关键节点在什么位置，熟悉整个场景，从而为餐厅设计模块打下基础，方便后面交互逻辑的开发。

任务实施

步骤 1　VR+ 数字餐厅熟悉餐厅关键位置。

根据原型图的设计可以看出区域介绍模块是没有餐厅屋顶和外墙的，那么写代码时第一件事就是隐藏墙壁和屋顶，设计单击区域介绍按钮弹出来对应的一组 UI，然后根据 UI 找到对应的地面点进行学习。

首先创建脚本 Ctrl，挂载到模型场景的父物体 wedding 上，如图 4.29 所示。

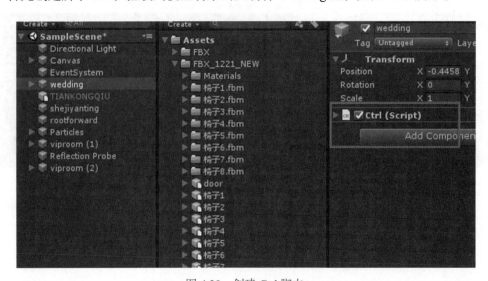

图 4.29　创建 Ctrl 脚本

开始运行程序，需要隐藏屋顶和外墙，在 wedding 下创建空物体 Hide Wall，把对应的模型拖曳到它下面作为子物体，最开始只需要隐藏外墙（Hide Wall）即可，如代码 4.1 所示。

【代码 4.1】

```
GameObject hideHouse;//需要隐藏的内容
void Start()
{
    hideHouse=GameObject.Find("HideWall");
    Invoke("ShowOff1", 3);
}
public void ShowOff1()
{
    hideHouse.SetActive(false);
}
```

程序运行之后，隐藏对应的外墙，如图 4.30 所示。

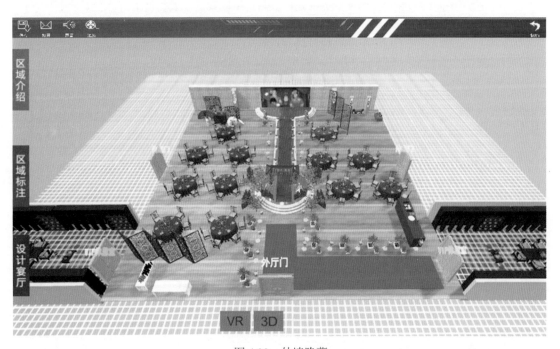

图 4.30 外墙隐藏

这时可以单击区域介绍按钮，弹出对应的 UI 按钮，在任务 4.2 中图 4.16 已经搭建好。设计代码，把对应弹出来的 UI 放在一个空物体身上，命名为 Show Panel，先进行失活，单击后再激活。同理，设计宴厅按钮单击打开 Screen Open Start，然而单击区域标注按钮不会激活 Area Panel，因为需要单击标注点才会激活 Area Panel，顺便把后面 VR 切换模式的按钮一起定义出来，如代码 4.2 所示。

【代码 4.2】

```
Button btn1, btn2;//这是 VR 开关的两个按钮
Button button3, button4, button5;//区域介绍，区域标注，设计餐厅
GameObject houseGear,showArea,areaSure;//展开家具展示、区域介绍、区域标注的Panel
void Start() {
    areaSure=GameObject.Find("Canvas").transform.GetChild(4).gameObject;
    houseGear=GameObject.Find("Canvas").transform.GetChild(1).gameObject;
    houseGear.SetActive(false);
    showArea=GameObject.Find("Canvas").transform.GetChild(3).gameObject;
    showArea.SetActive(false);
    btn1=GameObject.Find("Canvas").transform.GetChild(0).transform.GetChild(0).
GetComponent<Button>();
    btn2=GameObject.Find("Canvas").transform.GetChild(0).transform.GetChild(1).
GetComponent<Button>();
    button3= GameObject.Find("Canvas").transform.GetChild(0).transform.GetChild(2).
GetComponent<Button>();
    button4= GameObject.Find("Canvas").transform.GetChild(0).transform.GetChild(3).
GetComponent<Button>();
    button5= GameObject.Find("Canvas").transform.GetChild(0).transform.GetChild(4).
GetComponent<Button>();
    button3.onClick.AddListener(showAreaTeacher);
    button4.onClick.AddListener(showAreaStudent);
    button5.onClick.AddListener(designAreShow);
}
public void showAreaTeacher()
{
    showArea.SetActive(true);
    houseGear.SetActive(false);
    areaSure.SetActive(false);
}
public void showAreaStudent()//并不会激活 Panel，而是激活对应的粒子特效
{
    //方法待验证
    showArea.SetActive(false);
    houseGear.SetActive(false);
}
public void designAreShow()
{
    houseGear.SetActive(true);
    showArea.SetActive(false);
    areaSure.SetActive(false);
}
```

　　经过测试可以发现对应的三个按钮均可以单击了，并且发现生成的 Panel 是互斥关系。这个框架结构先定义在这里，方便后面开发使用，现在针对区域介绍先展开功能开发，单

击里面对应的按钮，布局生成坐标点的位置。

先定义区域介绍的路点，方便单击调用事件锁定对应点，创建脚本 Show Area，然后进行编辑，如代码 4.3 所示。

【代码 4.3】

```
public class ShowArea:MonoBehaviour,
{
    GameObject welcomeRoad, signInDesk, TPlatform,audioRoom, barCounter,
    diningArea, reception;//定义要放的区域标志点
    List<GameObject> list=new List<GameObject>();//存储对应的路标点物体
    string path="text";//获取预制体地址
    void Start()
    {
        prefabs=Resources.LoadAll<GameObject>(path);//获取路点的预制体
        welcomeRoad=GameObject.Find("wedding").transform.GetChild(1).transform.
GetChild(0).transform.GetChild(16).gameObject;//查找场景中对应的迎宾道、T 台等
        signInDesk=GameObject.Find("signInDesk");
        TPlatform=GameObject.Find("TPlatform");
        audioRoom=GameObject.Find("audioRoom");
        barCounter=GameObject.Find("barCounter");
        diningArea=GameObject.Find("MainTable");
        reception=GameObject.Find("reception");
        list.Add(signInDesk);//把对应的路点的物体放进链表
        list.Add(welcomeRoad);
        list.Add(TPlatform);
        list.Add(audioRoom);
        list.Add(barCounter);
        list.Add(diningArea);
        list.Add(reception);
    }
}
```

鼠标单击按钮发生事件的触发，可以选择两种方法：第一种是按钮触发事件的方式；第二种是射线单击 UI 的方式。在这里为了方便操作可以采用第二种方式，需要由脚本继承射线接口来完成，这里需要强调的是继承接口必须要实现接口内的方法，如代码 4.4 所示。

【代码 4.4】

```
public class ShowArea:MonoBehaviour,IPointerDownHandler,IPointerUpHandler
{   //继承接口就要实现接口的所有方法
    public void OnPointerDown(PointerEventData eventData)
    {
    }
```

```
    public void OnPointerUp(PointerEventData eventData)
    {
    }
}
```

在接口内需要完成射线检测物体的名字，然后判断名字的特点并进行不同区域的划分，给其设置具体坐标值和旋转值。另外，加载路标，路标生成在对应的链表里面的物体下面，作为子物体存在，都是通过名字联系在一起的，以便后面在 PC 端可以看着舒服，如代码 4.5 所示。

【代码 4.5】

```
GameObject obj;
public void OnPointerDown(PointerEventData eventData)
{
    int num;
    string name=transform.name;
    num=int.Parse(name.Remove(0,6));
    Debug.Log(name);
    Debug.Log(num);
    obj=Instantiate(prefabs[num]);
    obj.transform.parent=list[num].transform;
    if(num==0)
    {
        obj.transform.localPosition=new Vector3(-1.2f, -0.3f, 2.3f);
        obj.transform.localEulerAngles=new Vector3(-270, 90, 90);
    }
    else if(num==1)
    {
        obj.transform.localPosition=new Vector3(-2.6f, -5.2f,1.3f);
        obj.transform.localEulerAngles=new Vector3(-90, 180, 0);
    }
    else if(num == 2)
    {
        obj.transform.localPosition=new Vector3(-0.2f, 5f, 2.31f);
        obj.transform.localEulerAngles=new Vector3(-90, 210, -30);
    }
    else if(num == 3)
    {
        obj.transform.localPosition=new Vector3(1.7f, 0f, 1.35f);
        obj.transform.localEulerAngles=new Vector3(270, -90, -90);
    }
    else if(num==4)
    {
        obj.transform.localPosition=new Vector3(0f, 0f, 1.5f);
```

```
        obj.transform.localEulerAngles=new Vector3(-180, 90, 90);
    }
    else if(num == 5)
    {
        obj.transform.localPosition=new Vector3(0f, 0f, 1.5f);
        obj.transform.localEulerAngles=new Vector3(-180, 0, 180);
    //GameObject obj1=GameObject.CreatePrimitive(PrimitiveType.Cube);
    GameObject obj1=Instantiate(prefabs[5]);
    obj1.transform.parent=list[5].transform;
    obj1.transform.localPosition=new Vector3(-13, 0f, -6.2f);
    obj1.transform.localEulerAngles=new Vector3(-180, 0, 180);
    Destroy(obj1, 3);
    }
    else if(num == 6)
    {
        obj.transform.localPosition=new Vector3(0f, 0f, 2.7f);
        obj.transform.localEulerAngles=new Vector3(-90, 210, -30);
    }
    else
    {
        obj.transform.localPosition=new Vector3(0, 2, 0);
        obj.transform.localEulerAngles=new Vector3(-90, 0, 0);
    }
}

public void OnPointerUp(PointerEventData eventData)//等待 3 秒消失函数
{   Destroy(obj,3);
}
```

结合之前 Ctrl 脚本的作用，基本可以满足区域展示的功能了。

步骤 2 VR+ 数字餐厅摄像机控制。

在数字餐厅里面进行交互时，想要看清楚每一个角落的情况，就需要摄像机可以漫游在餐厅上方，且可以推进拉远。

先控制摄像机的前后移动和左右旋转，在旋转的过程中保持 45°，并通过控制速度来掌控移动和旋转，如代码 4.6 所示。

【代码 4.6】

```
public class camerMove:MonoBehaviour
{
    GameObject camare;
    float speed=1;
    //Start is called before the first frame update
    void Start()
```

```
    {
        camare=GameObject.Find("Main Camera");
    }
    //Update is called once per frame
    void Update()
    {
        float h=Input.GetAxis("Horizontal");
        float v=Input.GetAxis("Vertical");
        transform.localEulerAngles=new Vector3(45, transform.localEulerAngles.
y, transform.localEulerAngles.z);
        transform.Rotate(Vector3.up,3 * Time.deltaTime * h*speed);
        transform.Translate(-Vector3.forward* 3 * Time.deltaTime * v*speed, Space.
World);
        speed= Input.GetKey(KeyCode.LeftShift) ? 2:1;//三元判断
    }
}
```

经过测试，摄像机可以移动和旋转了，由于高度问题无法近距离观看，因此需要写代码对摄像机的视野进行控制，如代码 4.7 所示。

【代码 4.7】

```
void Update(){
    //鼠标滚轮的效果
    //Camera.main.fieldOfView 摄像机的视野
    //Camera.main.orthographicSize 摄像机的正交投影
    if(Input.GetAxis("Mouse ScrollWheel") < 0)
    {
        if(Camera.main.fieldOfView <= 80)
            Camera.main.fieldOfView += 2;
        if(Camera.main.orthographicSize <= 20)
            Camera.main.orthographicSize += 0.5F;
    }

    if(Input.GetAxis("Mouse ScrollWheel") > 0)
    {
        if(Camera.main.fieldOfView > 2)
            Camera.main.fieldOfView -= 2;
        if(Camera.main.orthographicSize >= 1)
            Camera.main.orthographicSize -= 0.5F;
    }
}
```

将上方代码放进 Update 里面，运行代码，既可以控制摄像机的移动和旋转，也可以推进拉远摄像机。

任务 4.4 VR+ 数字餐厅场景之区域标注

■ **任务目标**

（1）通过地面特效识别弹出对应识别 UI 并进行选择。

（2）针对选择的 UI 判断是否正确。

■ **任务分析**

当前任务是比较简单的模块，在区域标注中明确每个点是什么功能区，然后针对功能区判定是否正确，这里主要知识点是交互方式和 UI 逻辑的实现。

任务实施

步骤 1　VR+ 数字餐厅标注点显示。

单击区域标注将激活 7 个粒子特效，每个粒子特效都会在餐厅内布置在设计点上，且都有其意义，然后单击这 7 个粒子里面的某一个都会弹出来区域标注的 Area Panel，效果如图 4.31 所示。

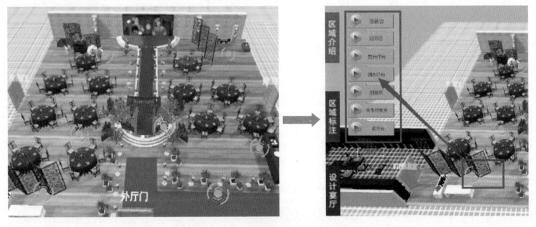

图 4.31　区域标注显示的 UI

图 4.31 的效果需要先找到对应的 7 个粒子特效，把粒子特效放在一个文件夹里面，开始默认的粒子特效是失活状态，关于粒子特效的制作可以看基础教程，这里直接调用如

图 4.32 所示。

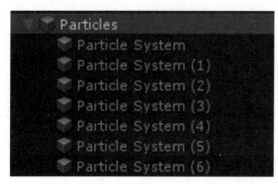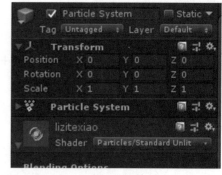

图 4.32　标注显示的粒子特效

找到 Ctrl 脚本，定义粒子特效的父物体，然后在 Start 里面让其失活，后面单击区域标注再进行激活，如代码 4.8 所示。

【代码 4.8】

```
GameObject particles;//粒子系统显示
void Start()//这里面其他功能先省略了，只需要Ctrl脚本加上对应信息即可
{
    particles=GameObject.Find("Particles");
    particles.SetActive(false);
}
public void showAreaStudent()
{
    showArea.SetActive(false);
    houseGear.SetActive(false);
    particles.SetActive(true);
}
```

单击按钮即可以完成对应信息，应确保再次单击区域介绍时，粒子特效需要再次失活，所以代码要编辑完后面的同时考虑前面，三个按钮的事件很多是互斥的，这个可以自行添加。再往下就是单击特效出来对应的 Area Panel 了。思考一个问题，鼠标可以与粒子特效交互吗？实际上不可以，那是如何交互的呢？根据单击的位置设置 Box Collider（盒子碰撞器），例如 T 台，如图 4.33 所示。

其他单击点也是如此，所以对每个特效位置对应的物体依次加上盒子碰撞器，方便鼠标与其交互，在鼠标可以碰到的这些物体身上添加脚本 Show Area Student，然后设计鼠标单击触发，如代码 4.9 所示。

图 4.33　标注对应的 T 台的碰撞体

【代码 4.9】

```
using System.Collections;
using System.Collections.Generic;
using UnityEngine;
using UnityEngine.EventSystems;
///<summary>
///这是控制学生标注时选择 UI 的显示
///</summary>
public class ShowAreaStudent:MonoBehaviour
{
    GameObject areaPanel;    //单击激活 AreaPanel
    void Start()
    {
        areaPanel=GameObject.Find("Canvas").transform.GetChild(4).gameObject;
        areaPanel.SetActive(false);
    }
    void Update()
    {
        if(Input.GetMouseButtonDown(1))//右击判定点击到碰撞体了激活 Panel
        {
            Ray ray=Camera.main.ScreenPointToRay(Input.mousePosition);
            RaycastHit hitInfo;
            if(Physics.Raycast(ray, out hitInfo))
```

```
            {
                if(EventSystem.current.IsPointerOverGameObject() == true)
                {
                    Debug.Log(" the UI");
                }
                else
                {
                    areaPanel.SetActive(true);
                }
            }
        }
    }
}
```

步骤 2　判定 VR+ 数字餐厅标注点是否正确。

根据上一步激活了对应的 Area Panel，但是并不能确定单击的是哪个位置和 Panel 上的按钮是否一一对应，因此需要进行比对测试。定义一个类作为容器和按钮单击的内容进行对比，如果名字一样，就说明按钮单击正确。另外应考虑执行哪个模块可以通过 Bool（布尔）值来控制 UI 的显示，定义类脚本如代码 4.10 所示。

【代码 4.10】

```
public static class boolCtrl
{
    public static bool quyujieshao=false;      //区域介绍
    public static bool biaozhu=false;          //区域标注
    public static bool sheji=false;            //设计餐厅
    public static string Name=null;
}
```

然后在 Ctrl 里面找到单击的模块按钮并进行 Bool（布尔）值限定，控制 UI 的显示，如代码 4.11 所示。

【代码 4.11】

```
public void showAreaTeather()
{
    showArea.SetActive(true);
    houseGear.SetActive(false);
    lights.SetActive(true);
    table.SetActive(true);          //餐桌
    screen.SetActive(true);         //固定的装饰家装（不动）
    areaSure.SetActive(false);
    particles.SetActive(false);
    boolCtrl.biaozhu=false;
```

```
    boolCtrl.quyujieshao=false;
    boolCtrl.sheji=false;
}
public void showAreaStudent()
{
    showArea.SetActive(false);
    houseGear.SetActive(false);
    lights.SetActive(true);
    table.SetActive(true);
    screen.SetActive(true);
    particles.SetActive(true);
    boolCtrl.biaozhu=true;
    boolCtrl.quyujieshao=false ;
    boolCtrl.sheji=false;
}
```

下一步就是对单击的标注点的名字进行存储，再次找到 Show Area Student 脚本并完善其脚本，把射线单击的名字存储给 BoolCtrl 的 Name，方便后面单击按钮作对比，如代码 4.12 所示。

【代码 4.12】

```
public class ShowAreaStudent:MonoBehaviour
{
    GameObject areaPanel;
    private string name;
    public string Name { get => name; set => name=value; }
    void Start()
    {
        areaPanel=GameObject.Find("Canvas").transform.GetChild(4).gameObject;
        areaPanel.SetActive(false);
    }
    void Update()
    {
        if (Input.GetMouseButtonDown(1))
        {
            Ray ray=Camera.main.ScreenPointToRay(Input.mousePosition);
            RaycastHit hitInfo;

            if (Physics.Raycast(ray, out hitInfo))
            {
                if (EventSystem.current.IsPointerOverGameObject() == true)
                {
                    Debug.Log("the UI");
                }
                else
                {
                    if (boolCtrl.biaozhu==true)//到达区域标注这一步了
```

```
                        {
            boolCtrl.Name=hitInfo.transform.name;//存储单击的名字
            areaPanel.SetActive(true);
                        }
                }
            }
        }
    }
```

单击的特效位置的名字已经被记录，只需要将按钮对应的信息统一即可，如图4.34所示。

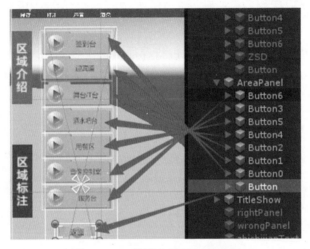

图 4.34　UI 顺序与按钮名字对应

创建脚本 StudentBiaozhu，把整个脚本挂载到这几个按钮上，采用模块一的交互方式，用射线进行单击，并且主要是单击触发的接口，如代码 4.13 所示。

【代码 4.13】

```
public class StudentBiaozhu:MonoBehaviour, IPointerDownHandler
{
    public void OnPointerDown(PointerEventData eventData)//实现接口
    {
        if(boolCtrl.Name.Contains("signInDesk"))//签到台区域（验证单击）
        {
            print("刚才单击了签到台");}
    }
}
```

经过验证单击区域没有问题，下一步就是验证单击的按钮和识别的特效区域是否匹配，如果匹配就可以验证单击成功，并提示 Yes，先书写 Yes 和 No 的方法，方便后面调用，如代码 4.14 所示。

【代码 4.14】

```
GameObject rightPanel, wrongPanel;
void Start()
{
    rightPanel=GameObject.Find("Canvas").transform.GetChild(6).gameObject;
    wrongPanel=GameObject.Find("Canvas").transform.GetChild(7).gameObject;
    rightPanel.SetActive(false);
    wrongPanel.SetActive(false);
}
public void offShow1()
{
    rightPanel.SetActive(false);
}
public void offShow2()
{
    wrongPanel.SetActive(false);
}
```

区域验证的同时还会生成对应的区域介绍的标记点，如果选择错误，则不会出现标记点；反之则会出现标记点。还需要判断单击的按钮序号是否和文字与单击区域相同。

综合论述，以签到台为例，按钮名字为 Button0，取序号 0 判定是否选择正确，而标记点与第一模块的显示方式一样，生成后选择当前单击的物体为父物体，给定坐标和角度即可，如代码 4.15 所示。

【代码 4.15】

```
string path="text";//获取预制体地址
GameObject areaPanel;//区域标注 Panel
void Start()
{
    prefabs=Resources.LoadAll<GameObject>(path);//获取所有的预制体
    areaPanel=GameObject.Find("Canvas").transform.GetChild(4).gameObject;
}
public void OnPointerDown(PointerEventData eventData)
{
    if(boolCtrl.Name.Contains("signInDesk"))//签到台区域
    {
        int num;
        string name=transform.name;
        num=int.Parse(name.Remove(0, 6));
        GameObject obj=Instantiate(prefabs[num]);
        obj.transform.parent=GameObject.Find(boolCtrl.Name).transform;
```

```
        obj.transform.localPosition=new Vector3(-1.2f, 1.6f, 2.8f);
        obj.transform.localEulerAngles=new Vector3(-270, 90, 90);
        areaPanel.SetActive(false);
        if(num==0)
        {
            rightPanel.SetActive(true);
            Invoke("offShow1", 3);
        }
        else
        {
            wrongPanel.SetActive(true);
            Destroy(obj,3);
            Invoke("offShow2", 3);
        }
    }
}
```

由此可以看出每个区域都可以这样判断，所以其他的区域只需要判定 if 条件里面区域名字和按钮序号即可，把生成的标记命名新 tag 为 newbaijian，如代码 4.16 所示。

【代码 4.16】

```
else if (boolCtrl.Name.Contains("ditan2"))//迎宾道对应的区域
{
    int num;
    string name=transform.name;
    num=int.Parse(name.Remove(0, 6));
    GameObject obj=Instantiate(prefabs[num]);
    obj.transform.parent=GameObject.Find(boolCtrl.Name).transform;
    obj.transform.localPosition=new Vector3(-2.6f, -5.2f, 1.7f);
    obj.transform.localEulerAngles=new Vector3(-90, 180, 0);
    obj.tag="newbaijian";
    areaPanel.SetActive(false);
    if (num ==1)
    {
        rightPanel.SetActive(true);
        Invoke("offShow1", 3);
    }
    else
    {
        wrongPanel.SetActive(true);
        Destroy(obj, 3);
        Invoke("offShow2", 3);
    }
}
    else if (boolCtrl.Name.Contains("TPlatform"))//T 台区域
```

```
{
    int num;
    string name=transform.name;
    num=int.Parse(name.Remove(0, 6));
    GameObject obj=Instantiate(prefabs[num]);
    obj.transform.parent=GameObject.Find(boolCtrl.Name).transform;
    obj.transform.localPosition=new Vector3(-0.2f, 5f, 2.5f);
    obj.transform.localEulerAngles=new Vector3(-90, 210, -30);
    obj.tag="newbaijian";
    areaPanel.SetActive(false);
    if(num == 2)
    {
        rightPanel.SetActive(true);
        Invoke("offShow1", 3);
    }
    else
    {
        wrongPanel.SetActive(true);
        Destroy(obj, 3);
        Invoke("offShow2", 3);
    }
}
else if(boolCtrl.Name.Contains("audioRoom"))//音响
{
    int num;
    string name=transform.name;
    num=int.Parse(name.Remove(0, 6));
    GameObject obj=Instantiate(prefabs[num]);
    obj.transform.parent=GameObject.Find(boolCtrl.Name).transform;
    obj.transform.localPosition=new Vector3(1.7f, 0f, 1.5f);
    obj.transform.localEulerAngles=new Vector3(270, -90, -90);
    obj.tag="newbaijian";
    areaPanel.SetActive(false);
    if(num == 3)
    {
        rightPanel.SetActive(true);
        Invoke("offShow1", 3);
    }
    else
    {
        wrongPanel.SetActive(true);
        Destroy(obj, 3);
        Invoke("offShow2", 3);
```

```
        }
    }
    else if(boolCtrl.Name.Contains("barCounter"))//服务台
    {
        int num;
        string name=transform.name;
        num=int.Parse(name.Remove(0, 6));
        GameObject obj=Instantiate(prefabs[num]);
        obj.transform.parent=GameObject.Find(boolCtrl.Name).transform;
        obj.transform.localPosition=new Vector3(0f, 0f, 1.8f);
        obj.transform.localEulerAngles=new Vector3(-180, 90, 90);
        obj.tag="newbaijian";
        areaPanel.SetActive(false);

        if(num == 4)
        {
            rightPanel.SetActive(true);
            Invoke("offShow1", 3);
        }
        else
        {
            wrongPanel.SetActive(true);
            Destroy(obj, 3);
            Invoke("offShow2", 3);
        }
    }
    else if(boolCtrl.Name.Contains("zhuzhuo"))//用餐区
    {
      //Debug.Log(1111);
        int num;
        string name=transform.name;
        num=int.Parse(name.Remove(0, 6));
        GameObject obj=Instantiate(prefabs[num]);
        obj.transform.parent=GameObject.Find(boolCtrl.Name).transform;
        obj.transform.localPosition=new Vector3(0f, 0f, 2.1f);
        obj.transform.localEulerAngles=new Vector3(-90, 180, 0);
        obj.tag="newbaijian";
        areaPanel.SetActive(false);

        if(num ==5)
        {
            rightPanel.SetActive(true);
            Invoke("offShow1", 3);
        }
```

```
    else
    {
        wrongPanel.SetActive(true);
        Destroy(obj, 3);
        Invoke("offShow2", 3);
    }
}
else if(boolCtrl.Name.Contains("reception"))
{
    int num;
    string name=transform.name;
    num=int.Parse(name.Remove(0, 6));
    GameObject obj=Instantiate(prefabs[num]);
    obj.transform.parent=GameObject.Find(boolCtrl.Name).transform;
    obj.transform.localPosition=new Vector3(0f, 0f, 2.1f);
    obj.transform.localEulerAngles=new Vector3(-90, 180, 0);
    obj.tag="newbaijian";
    areaPanel.SetActive(false);

    if(num == 6)
    {
        rightPanel.SetActive(true);
        Invoke("offShow1", 3);
    }
    else
    {
        wrongPanel.SetActive(true);
        Destroy(obj, 3);
        Invoke("offShow2", 3);
    }
}
```

在 Area Panel 里面还有一个关闭按钮没有处理，只要单击此按钮就应该失活 Area Panel，那么可以用一般的按钮单击触发事件就行了，如代码 4.17 所示。

【代码 4.17】

```
Button backBtn;
GameObject areaPanel;
void Start()
{
    areaPanel=GameObject.Find("Canvas").transform.GetChild(4).gameObject;
    backBtn=areaPanel.transform.GetChild(7).GetComponent<Button>();
    backBtn.onClick.AddListener(Close);
```

```
}
public void Close()
{
    areaPanel.SetActive(false);
}
```

任务 4.5　VR+ 数字餐厅场景之设计餐厅

■ 任务目标
（1）对家具生成移动摆放设计进行考核。
（2）对地毯、墙面和屏幕进行材质切换。

■ 任务分析
在设计餐厅模块里面主要是单击 UI 生成对应的家具，然后可以拖动家具移动，并且能通过右击弹出提示并进行删除处理。而针对表面皮肤的变化，可通过地面、墙面等进行材质的切换。

任务实施

步骤 1　VR+ 数字餐厅家具生成摆放。

再一次单击设计餐厅按钮，激活对应的 Screen Open Start 物体，这个物体下面就是对应的背包里面的家具图片。这个按钮的触发事件在任务 4.3 里面已经书写了，就是 Ctrl 脚本里面的 Design Are Show 方法，通过单击按钮触发这个方法，激活对应的 Panel，同时区域标注的家具都需要隐藏失活，激活对应的地毯、外墙和屏幕的材质图 changetuPanel，如代码 4.18 所示。

【代码 4.18】

```
public void designAreShow()
{
    houseGear.SetActive(true);
    showArea.SetActive(false);
    areaSure.SetActive(false);
    lights.SetActive(false);
    table.SetActive(false);
    screen.SetActive(false);
    boolCtrl.biaozhu=false;
    boolCtrl.quyujieshao=false;
```

```
boolCtrl.sheji=true;
changePanel.SetActive(true);
//默认当前是地毯被选择
changePanel.transform.GetChild(1).GetChild(0).gameObject.SetActive(true);
changePanel.transform.GetChild(2).GetChild(0).gameObject.SetActive(false );
changePanel.transform.GetChild(3).GetChild(0).gameObject.SetActive(false );
changePanel.transform.GetChild(0).GetComponent<Image>().sprite=Resources.
 LoadAll<Sprite>("beijingtu")[0];//默认背景图承载三层材质内容
particles.SetActive(false);
}
```

当激活对应的 House Gear 时，就可以单击对应的家具了，然后生成对应的家具。这里定义脚本 My Drag，并挂载 16 个家具图片，如图 4.35 所示。在里面操作的图片都是通过射线检索按钮名字根据编号来完成需要加载哪个家具，所以需要在 Resouces 里面存储预制体的顺序，和单击的按钮是一样的，如代码 4.19 所示。

图 4.35　脚本挂载家具上

【代码 4.19】

```
public class MyDrag:MonoBehaviour, IPointerDownHandler//拖曳的接口
{
    Vector3 localPosition;
    string path="yuzhiti";//获取预制体地址，在 Resources 下面
    GameObject[] prefabs;//加载对应地址的所有预制体信息，等待被单击的时候调用
    //Use this for initialization
    void Start()
    {
```

```
        prefabs=Resources.LoadAll<GameObject>(path);//获取所有的预制体
        localPosition=transform.position;
    }
    //当鼠标按下时调用接口对应 IPointerDownHandler
    public void OnPointerDown(PointerEventData eventData)
    {
        int num;
        string name=transform.name;
        num=int.Parse(name.Remove(0, 6));    //按钮序号与加载的预制体的顺序是一致的
        GameObject obj=Instantiate(prefabs[num]);
        obj.transform.parent=GameObject.Find("shejiyanting").transform;
        //在层级面板定义的空物体
        obj.transform.localPosition=new Vector3(7, -9, -6);
        transform.position=localPosition;
    }
}
```

生成之后就需要拖动对应的家具了，在餐厅内进行拖动，在拖动过程中不能有 y 轴的位移，只能在水平面平移，另外按下 QE 键可以旋转当前的家具，创建脚本 Move，并在代码 4.19 里面，生成的家具都要添加组件 <Move>()，这样就可以编辑 Move 脚本了，如代码 4.20 所示。

【代码 4.20】

```
using System.Collections;
using System.Collections.Generic;
using UnityEngine;
using UnityEngine.UI;
using UnityEngine.EventSystems;
///<summary>
///控制摆件 UI 显示
///</summary>
public class Move:MonoBehaviour
{
    Vector3 cubeScreenPos;
    Vector3 offset;
    public static GameObject delOut;//存储交互的物体
    private void Awake()
    {
        StartCoroutine(OnMouseDown());
    }
    IEnumerator OnMouseDown()
    {
        //1. 得到物体的屏幕坐标
        cubeScreenPos=Camera.main.WorldToScreenPoint(transform.position);
```

```
    //2.计算偏移量
    //鼠标的三维坐标
    Vector3 mousePos=new Vector3(Input.mousePosition.x, Input.mousePosition.y,
cubeScreenPos.z);
    //鼠标三维坐标转为世界坐标
    mousePos=Camera.main.ScreenToWorldPoint(mousePos);
    offset=transform.position - mousePos;

    //3.物体随着鼠标移动
    while (Input.GetMouseButton(0))
    {
        Vector3 pos;
        //目前的鼠标二维坐标转为三维坐标
        Vector3 curMousePos=new Vector3(Input.mousePosition.x, Input.mousePosition.
y, cubeScreenPos.z);
        //目前的鼠标三维坐标转为世界坐标
        curMousePos=Camera.main.ScreenToWorldPoint(curMousePos);
        pos=curMousePos + offset;//y轴要为零
        //物体世界位置
        //transform.position= curMousePos + offset;
        transform.position=new Vector3(pos.x,-0.53f,pos.z);
        yield return new WaitForFixedUpdate(); //这个很重要，循环执行
    }
}
void Update()
{
}
private void OnMouseOver()
{
    //Debug.Log("可以控制旋转");
    if (Input.GetKey(KeyCode.Q))
    {
        transform.Rotate(Vector3.up, 30*Time.deltaTime,Space.World);
    }
    if (Input.GetKey(KeyCode.E))
    {
        transform.Rotate(-Vector3.up * 30 * Time.deltaTime,Space.World);
    }
}
}
```

如果对已经生成的家具不满意，则可以删除，只需要点击对应家具就可以提示是否删除。首先创建脚本 DelObj，如代码 4.21 所示，这里面代表的要删除的物体，而真正调用单击事件的发生应该放在 Move 脚本里面，因为里面用到了射线接口，如代码 4.22 所示。

【代码 4.21】

```
using System.Collections;
using System.Collections.Generic;
using UnityEngine;
using UnityEngine.UI;
///<summary>
///这个脚本是控制删除摆件的 UI, 选择是否删除
///</summary>
public class DelObj:MonoBehaviour
{
    private static GameObject del;
    Button btn, btn1;//是删除当前家具的按钮
    public static GameObject Del { get => del; set => del=value; }
    void Start()
    {
        Del=GameObject.Find("Canvas").transform.GetChild(2).gameObject;
        Del.SetActive(false);
        btn=Del.transform.GetChild(1).GetComponent<Button>();
        btn1=Del.transform.GetChild(2).GetComponent<Button>();
        btn.onClick.AddListener(No);//否的选择
        btn1.onClick.AddListener(Yes);//是的选择
    }
    public void Yes()
    {
        Del.SetActive(false);
        Destroy(Move.delOut);
    }
    public void No()
    {
        Del.SetActive(false);
    }
}
```

【代码 4.22】

```
void Update()
{
    if (Input.GetMouseButtonDown(1))
    {
        Ray ray=Camera.main.ScreenPointToRay(Input.mousePosition);
        RaycastHit hitInfo;
        if (Physics.Raycast(ray, out hitInfo))
        {
            if (EventSystem.current.IsPointerOverGameObject() == true)
            {
```

```
            Debug.Log(" the UI");
        }
        else
        {
            Debug.Log(" the Cube");
            if(boolCtrl.sheji==true)
            {
                delOut=hitInfo.transform.gameObject;
                DelObj.Del.SetActive(true);
            }
        }
    }
}
}
```

以上代码实现了家具的生成以及家具的平面拖曳功能。

步骤 2　VR+ 数字餐厅材质切换。

在单击设计餐厅时也会激活 changetuPanel，这个是用于存放外墙、地毯和 T 台屏幕材质的 UI 面板，且三种 UI 之间是互斥关系，在步骤 1Design Are Show 方法里面已经提到。那么这三种 UI 之间的切换实际上是通过上方三个按钮进行切换的，创建脚本 changePtupian，在脚本内实现三个按钮之间的切换和面板关闭的功能，如代码 4.23 所示。

【代码 4.23】

```
public class changePtupian:MonoBehaviour
{
    Button ditanShowBtn, waiqiangShowBtn, pingmuShowBtn;//切换按钮
    GameObject changePanel;//当前显示的 UI 界面的父物体
    GameObject ditanCtrl, waiqiangCtrl, pingmCtrl;//三个 UI 界面
    Button quedingBtn;//关闭按钮
    Sprite[] beijingtu;//UI 显示的精灵图片
    string path1="texture";
    string path2="beijingtu";
void Start()
{
    beijingtu= Resources.LoadAll<Sprite>(path2);
    ditanShowBtn=GameObject.Find("ditanBtn").GetComponent<Button>();
    waiqiangShowBtn=GameObject.Find("qiangBtn").GetComponent<Button>();
    pingmuShowBtn=GameObject.Find("beijingBtn").GetComponent<Button>();
    ditanShowBtn.onClick.AddListener(showDitan);
    waiqiangShowBtn.onClick.AddListener(showQiang);
    pingmuShowBtn.onClick.AddListener(showPingmu);
    changePanel=GameObject.Find("changetuPanel");
    quedingBtn=changePanel .transform.GetChild(4).GetComponent<Button>();
```

```
    quedingBtn.onClick.AddListener(close);//关闭
}
public void showDitan()
{
    dituBeijingChange.sprite=beijingtu[0];
    ditanCtrl.SetActive(true);
    waiqiangCtrl.SetActive(false);
    pingmCtrl.SetActive(false);
}
public void showQiang()
{
    dituBeijingChange.sprite=beijingtu[2];
    ditanCtrl.SetActive(false );
    waiqiangCtrl.SetActive(true);
    pingmCtrl.SetActive(false);
}
public void showPingmu()
{
    dituBeijingChange.sprite=beijingtu[1];
    ditanCtrl.SetActive(false);
    waiqiangCtrl.SetActive(false);
    pingmCtrl.SetActive(true);
}
public void close()
{
    changePanel.SetActive(false);
}
```

　　三个按钮之间实现了切换，且有了关闭按钮，再次打开只需要单击第三个模块的设计餐厅按钮即可重启激活 changetuPanel 界面。下一步就是切换材质，只需要找到对应按钮单击切换即可，那么先切换地面的材质，预设可交互的材质为三个，补充代码 changePtupian，如代码 4.24 所示。

【代码 4.24】

```
Texture[] ditansucai;
Button ditanBtn0, ditanBtn1, ditanBtn2;
string path1="texture";
void Start()
{
    ditansucai=Resources.LoadAll<Texture2D>(path1);
    ditanBtn0=GameObject.Find("ditanText").transform.GetChild(0).GetComponent<Button>();
    ditanBtn1=GameObject.Find("ditanText").transform.GetChild(1).GetComponent<Button>();
    ditanBtn2=GameObject.Find("ditanText").transform.GetChild(2).GetComponent<Button>();
    ditanBtn0.onClick.AddListener(ditanChangetupian);
```

```
    ditanBtn1.onClick.AddListener(ditanChangetupian);
    ditanBtn2.onClick.AddListener(ditanChangetupian);
}
public void ditanChangetupian()
{
    int num;
    string name=boolCtrl.BtnName.Remove(0, 6);
    num=int.Parse(name);
    ditan.GetComponent<MeshRenderer>().material.mainTexture=ditansucai[num];
}
```

经过测试单击后即可切换材质，然后把外墙和舞台屏幕补齐，整体代码整合后如代码 4.25 所示。

【代码 4.25】

```
using System.Collections;
using System.Collections.Generic;
using UnityEngine;
using UnityEngine.UI;

public class changePtupian:MonoBehaviour
{
    GameObject ditan, wutai;
    Texture[] ditansucai;
    Texture dtchange;
    Material[] wutaiMat;
    string path1="texture";
    Sprite[] beijingtu;
    string path2="beijingtu";
    Button ditanBtn0, ditanBtn1, ditanBtn2;
    Button qiangBtn0, qiangBtn1, qiangBtn2;
    Button beijingBtn0, beijingBtn1, beijingBtn2;
    Button quedingBtn;
    Button ditanShowBtn, waiqiangShowBtn, pingmuShowBtn;
    GameObject ditanCtrl, waiqiangCtrl, pingmCtrl;
    Image dituBeijingChange;
    GameObject changePanel;
    void Start()
    {
        ditansucai=Resources.LoadAll<Texture2D>(path1);
        beijingtu= Resources.LoadAll<Sprite>(path2);
        changePanel=GameObject.Find("changetuPanel");
        ditan=transform.GetChild(1).gameObject;
        wutai=transform.GetChild(2).gameObject;
        dtchange= ditan.GetComponent<MeshRenderer>().material.mainTexture;
```

179

```
        Debug.Log(dtchange.name);
        wutaiMat=wutai.GetComponent<MeshRenderer>().materials;
        ditanBtn0=GameObject.Find("ditanText").transform.GetChild(0).
GetComponent<Button>();
        ditanBtn1=GameObject.Find("ditanText").transform.GetChild(1).
GetComponent<Button>();
        ditanBtn2=GameObject.Find("ditanText").transform.GetChild(2).
GetComponent<Button>();
        ditanBtn0.onClick.AddListener(ditanChangetupian);
        ditanBtn1.onClick.AddListener(ditanChangetupian);
        ditanBtn2.onClick.AddListener(ditanChangetupian);
        qiangBtn0=GameObject.Find("qiangText").transform.GetChild(0).
GetComponent<Button>();
        qiangBtn1=GameObject.Find("qiangText").transform.GetChild(1).
GetComponent<Button>();
        qiangBtn2=GameObject.Find("qiangText").transform.GetChild(2).
GetComponent<Button>();
        qiangBtn0.onClick.AddListener(waiqiangChangetupian);
        qiangBtn1.onClick.AddListener(waiqiangChangetupian);
        qiangBtn2.onClick.AddListener(waiqiangChangetupian);
        beijingBtn0=GameObject.Find("beijingText").transform.GetChild(0).
GetComponent<Button>();
        beijingBtn1=GameObject.Find("beijingText").transform.GetChild(1).
GetComponent<Button>();
        beijingBtn2=GameObject.Find("beijingText").transform.GetChild(2).
GetComponent<Button>();
        beijingBtn0.onClick.AddListener(beijingChangetupian);
        beijingBtn1.onClick.AddListener(beijingChangetupian);
        beijingBtn2.onClick.AddListener(beijingChangetupian);
        ditanShowBtn=GameObject.Find("ditanBtn").GetComponent<Button>();
        waiqiangShowBtn=GameObject.Find("qiangBtn").GetComponent<Button>();
        pingmuShowBtn=GameObject.Find("beijingBtn").GetComponent<Button>();
        ditanCtrl=GameObject.Find("ditanBtn").transform.GetChild(0).gameObject;
        waiqiangCtrl=GameObject.Find("qiangBtn").transform.GetChild(0).
gameObject;
        pingmCtrl=GameObject.Find("beijingBtn").transform.GetChild(0).gameObject;
        waiqiangCtrl.SetActive(false);
        pingmCtrl.SetActive(false);
        dituBeijingChange=GameObject.Find("changetuPanel").transform.
GetChild(0).GetComponent<Image>();
        ditanShowBtn.onClick.AddListener(showDitan);
        waiqiangShowBtn.onClick.AddListener(showQiang);
        pingmuShowBtn.onClick.AddListener(showPingmu);
        quedingBtn=GameObject.Find("changetuPanel").transform.GetChild(4).
GetComponent<Button>();
        quedingBtn.onClick.AddListener(close);
        changePanel.SetActive(false);
    }
```

```
    public void showDitan()
    {
        dituBeijingChange.sprite=beijingtu[0];
        ditanCtrl.SetActive(true);
        waiqiangCtrl.SetActive(false);
        pingmCtrl.SetActive(false);
    }
    public void showQiang()
    {
        dituBeijingChange.sprite=beijingtu[2];
        ditanCtrl.SetActive(false );
        waiqiangCtrl.SetActive(true);
        pingmCtrl.SetActive(false);
    }
    public void showPingmu()
    {
        dituBeijingChange.sprite=beijingtu[1];
        ditanCtrl.SetActive(false);
        waiqiangCtrl.SetActive(false);
        pingmCtrl.SetActive(true);
    }
    public void ditanChangetupian()
    {
        int num;
        string name=boolCtrl.BtnName.Remove(0, 6);
        num=int.Parse(name);
        ditan.GetComponent<MeshRenderer>().material.mainTexture=ditansucai[num];
    }
    public void waiqiangChangetupian()
    {
        int num;
        string name=boolCtrl.BtnName.Remove(0, 6);
        num=int.Parse(name);
        wutaiMat[0].mainTexture=ditansucai[num];
    }
    public void beijingChangetupian()
    {
        int num;
        string name=boolCtrl.BtnName.Remove(0, 6);
        num=int.Parse(name);
        wutaiMat[2].mainTexture=ditansucai[num];
        wutaiMat[2].SetTexture("_EmissionMap",ditansucai[num]);
    }
    public void close()
    {
        changePanel.SetActive(false);
    }
}
```

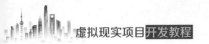

任务 4.6 VR+ 数字餐厅场景 VR 模式与打包测试

■ 任务目标

（1）VR 插件的导入与 VR 模式切换。

（2）打包测试。

■ 任务分析

这个项目是数字餐厅设计的 VR 项目，前面五个任务都是在 PC 端进行设计，设计完成需要佩戴设备看到 VR 内容，这里的 VR 设备采用 HTC VIVE，与荒野射手项目应用的是一种设备，因此关于设备的简介这里不用编辑了，只需要编辑 VR 内容的切换，最后打包进行测试，记录流程变化。

任务实施

步骤 1 VR + 数字餐厅 VR 插件的导入与观看。

从 Unity 的 Asset Store 下载并导入 SteamVR Plugin，如图 4.36 和图 4.37 所示。

图 4.36 Asset Store 界面下载

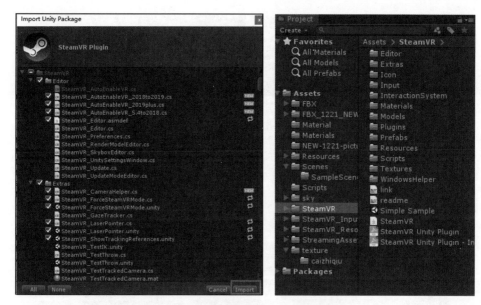

图 4.37 导入 SteamVR 和导入后的情况

导入后只需要把对应的预制体拖曳进来即可实现 VR 视角的观看，在 UI 设计时就已经在面板下面切换了 3D/VR 的按钮，而实现 VR 模式的摄像机的预制体如图 4.38 所示。

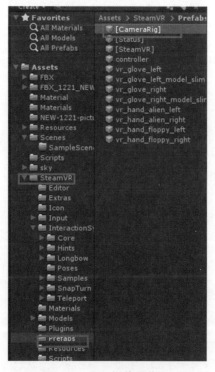

图 4.38 VR 摄像机位置

先将 CameraRig 摆放到场景里面的合适位置，然后记录下来位置的坐标，以便切换 VR 模式时位置准确，如图 4.39 所示。

图 4.39　VR 摄像机在场景中的位置

　　删除 VR 摄像机，下一步将采用单击按钮动态加载 VR 摄像机的方式将其加载到场景里面，并赋值给刚才记录的坐标信息，在 Ctrl 脚本书写代码，如代码 4.26 所示。

【代码 4.26】

```
public void ShowVR()
{
    camera.SetActive(false);
    GameObject obj=Instantiate(VR1);
    name=obj.name;
    obj.transform.position=new Vector3(0,1,-6);
    hideHouse.SetActive(true);
}
public void NOVR()
{
    GameObject.Find(name).AddComponent<del>();
    camera.transform.localPosition=camPos;
    camera.transform.localEulerAngles=camRat;
    camera.SetActive(true);
    hideHouse.SetActive(false);
}
```

　　从代码内看出还有一些变量没有定义，所以把 Ctrl 脚本整体体现在代码 4.27 内。

【代码 4.27】

```csharp
using System.Collections;
using System.Collections.Generic;
using UnityEngine;
using UnityEngine.UI;
///<summary>
///这是控制显示关于是哪些 UI 显示，是功能介绍还是设计场景，或者是标准，三个按钮控制
///</summary>
public class Ctrl:MonoBehaviour {
    Button btn1, btn2;//这是 VR 开关的两个按钮
    Button button3, button4, button5;//区域介绍、区域标注、设计餐厅
    GameObject camera;
    public  GameObject VR1;
    GameObject VR;//保存 VR1
    GameObject houseGear,showArea,areaSure;//家具展示、区域介绍、区域标注
    GameObject hideHouse, lights, table, screen;
    GameObject shejiguanli;//这是管理设计时生成的摆件，可以同意删除
    GameObject[] baijianSheji;//这是根据 tag 找摆件，进行删除
    Vector3 camPos,camRat;
    float viewCamera;
    GameObject ludengshezhi;//先找到生成的位置
    List<GameObject> ludengBigMin=new List<GameObject>();
    bool BigAndMin=false;
    GameObject changePanel;
    GameObject rightPanel, wrongPanel;
    GameObject particles;//粒子系统显示
    //Use this for initialization
    void Start() {
        hideHouse=GameObject.Find("HideWall");
        viewCamera=Camera.main.fieldOfView;
        areaSure=GameObject.Find("Canvas").transform.GetChild(4).gameObject;
        shejigaunli=GameObject.Find("shejiyanting");
        houseGear=GameObject.Find("Canvas").transform.GetChild(1).gameObject;
        houseGear.SetActive(false);
        showArea=GameObject.Find("Canvas").transform.GetChild(3).gameObject;
        showArea.SetActive(false);
        lights=GameObject.Find("RoadLight");
        table=GameObject.Find("MainTable");
        screen=GameObject.Find("ControllerPos");
        btn1 =GameObject.Find("Canvas").transform.GetChild(0).transform.
GetChild(0).GetComponent<Button>();
        btn2=GameObject.Find("Canvas").transform.GetChild(0).transform.
GetChild(1).GetComponent<Button>();
        button3= GameObject.Find("Canvas").transform.GetChild(0).transform.
GetChild(2).GetComponent<Button>();
```

```
        button4= GameObject.Find("Canvas").transform.GetChild(0).transform.
GetChild(3).GetComponent<Button>();
        button5= GameObject.Find("Canvas").transform.GetChild(0).transform.
GetChild(4).GetComponent<Button>();
        camera=transform.GetChild(5).gameObject;//记录上帝视角摄像机
        camPos=camera.transform.localPosition;
        camRat=camera.transform.localEulerAngles;
        btn1.onClick.AddListener(ShowVR);
        btn2.onClick.AddListener(NOVR);
        button3.onClick.AddListener(showAreaTeather);
        button4.onClick.AddListener(showAreaStudent);
        button5.onClick.AddListener(designAreShow);
        VR=VR1;
        ludengshezhi=GameObject.Find("shejiyanting");
        changePanel=GameObject.Find("changetuPanel");
        rightPanel=GameObject.Find("Canvas").transform.GetChild(6).gameObject;
        wrongPanel=GameObject.Find("Canvas").transform.GetChild(7).gameObject;
        rightPanel.SetActive(false);
        wrongPanel.SetActive(false);
        particles=GameObject.Find("Particles");
        particles.SetActive(false);
        Invoke("ShowOff1", 3);
    }
    public void ShowOff1()
    {
        hideHouse.SetActive(false);
    }
    public void showOff2()
    {
        lights.SetActive(false);
        table.SetActive(false);
        screen.SetActive(false);
    }
    public void showAreaTeather()
    {
        showArea.SetActive(true);
        houseGear.SetActive(false);
        lights.SetActive(true);
        table.SetActive(true);//餐桌
        screen.SetActive(true);//固定的装饰家装（不动）
        areaSure.SetActive(false);
        particles.SetActive(false);
        boolCtrl.biaozhu=false;
        boolCtrl.quyujieshao=false;
        boolCtrl.sheji=false;
        shejigaunli.SetActive(false);
```

```
    if(baijanSheji.Length > 0)
    {
        foreach (var item in baijanSheji)
        {
            Destroy(item);
        }
    }
    Camera.main.fieldOfView=viewCamera;
    camera.transform.localPosition=camPos;
    camera.transform.localEulerAngles=camRat;
}
public void showAreaStudent()
{
    showArea.SetActive(false);
    houseGear.SetActive(false);
    lights.SetActive(true);
    table.SetActive(true);
    screen.SetActive(true);
    particles.SetActive(true);
    boolCtrl.biaozhu=true;
    boolCtrl.quyujieshao=false ;
    boolCtrl.sheji=false;
    shejigaunli.SetActive(false);
    Camera.main.fieldOfView=viewCamera;
    camera.transform.localPosition=camPos;
    camera.transform.localEulerAngles=camRat;
}
public void designAreShow()
{
    houseGear.SetActive(true);
    showArea.SetActive(false);
    areaSure.SetActive(false);
    lights.SetActive(false);
    table.SetActive(false);
    screen.SetActive(false);
    boolCtrl.biaozhu=false;
    boolCtrl.quyujieshao=false;
    boolCtrl.sheji=true;
    shejigaunli.SetActive(true);
    if (baijanSheji.Length>0)
    {
        foreach(var item in baijanSheji)
        {
            Destroy(item);
        }
    }
```

```
        Camera.main.fieldOfView=viewCamera;
        camera.transform.localPosition=camPos;
        camera.transform.localEulerAngles=camRat;
        changePanel.SetActive(true);
        changePanel.transform.GetChild(1).GetChild(0).gameObject.SetActive(true);
        changePanel.transform.GetChild(2).GetChild(0).gameObject.SetActive(false );
        changePanel.transform.GetChild(3).GetChild(0).gameObject.SetActive(false );
        changePanel.transform.GetChild(0).GetComponent<Image>().sprite=Resources.
LoadAll<Sprite>("beijingtu")[0];
        particles.SetActive(false);
    }
    void Update()
    {
        baijanSheji=GameObject.FindGameObjectsWithTag("newbaijian");
        if(ludengshezhi.transform.childCount > 0)
        {
            for(int i=0; i < ludengshezhi.transform.childCount; i++)
            {
                if(ludengshezhi.transform.GetChild(i).name=="4ludeng(Clone)")
                {
                    ludengBigMin.Add(ludengshezhi.transform.GetChild(i).gameObject);
                    if(ludengBigMin.Count > 0)
                    {
                        if(BigAndMin)
                        {
                            for(int j=0; j < ludengBigMin.Count; j++)
{    ludengBigMin[j].transform.GetChild(0).gameObject.SetActive(true);
ludengBigMin[j].transform.GetChild(1).gameObject.SetActive(false);
                            }
                        }
                        else
                        {
                            for(int j=0; j < ludengBigMin.Count; j++)
                {ludengBigMin[j].transform.GetChild(0).gameObject.SetActive(false);
ludengBigMin[j].transform.GetChild(1).gameObject.SetActive(true);
                }
                        }
                    }
                }
            }
        }
    }
    public void ShowVR()
    {
        camera.SetActive(false);
        GameObject obj=Instantiate(VR1);
```

```
        name=obj.name;
        obj.transform.position=new Vector3(0,1,-6);
        hideHouse.SetActive(true);
    }
    public void NOVR()
    {
        GameObject.Find(name).AddComponent<del>();
        camera.transform.localPosition=camPos;
        camera.transform.localEulerAngles=camRat;
        camera.SetActive(true);
        hideHouse.SetActive(false);
    }
}
```

步骤 2　VR+ 数字餐厅打包测试。

配置打包 PC 的环境，首先把场景放进 Build Settings，如图 4.40 所示。

图 4.40　打包场景

Player Settings 主要是对当前场景的配置设置，可以默认不管，如果模型面数比较大，就需要对项目进行降低质量处理；如果项目还需要其他盘平台演示，就要考虑设备的显卡和 CPU 是否能渲染成功等，最终显示的结果如图 4.41 所示。

图 4.41　VR 打包后显示的结果

◆ 项目总结 ◆

　　本项目通过对中餐厅项目的开发，希望作者掌握脚本之间的协同调用、材质的切换使用及 UI 搭建的逻辑问题，掌握简单背包系统的开发，根据流程图可独立完成项目的整体开发，并能解决项目中出现的一些逻辑问题。项目中的物体摆放是开发的重点，也是开发内容的核心，其中从整体可以看出模块一是学习的，模块二是考核的，模块三是设计的，所以可以把整个项目看成是一个考核设计系统。

◆ 课后习题 ◆

1. 结合所学知识，对整个项目进行代码优化。
2. 设计一个 UI 界面，对生成的家具进行参数大小的输入变换。
3. 关于按钮点击采用 Button 事件触发操作一次。
4. 对当前项目的抬头保存、撤销等按钮添加功能并完善。
5. 利用 VR 设备在当前场景内完成漫游。
6. 利用 VR 设备尝试利用射线与场景物体进行交互。
7. 将此项目改变成射线点击 UI 触发一切的交互方式。
8. 根据所学知识将此项目改变成一体机 VR 方式。

项目5

VR+数字园林项目开发（Unreal方向）

项目导读

园林，指特定培养的自然环境和游玩休息场所。而 VR+ 数字园林，则是通过虚拟现实方式将其转变为线上形式，不仅可以通过 VR 游览园林风貌，还可以使得园林设计能够突破传统、打破常规，在虚拟场景中设计园林。

本项目将从需求分析、开发流程设计、场景和美术资源的导入、VR 开发环境的搭建、Unreal Engine 数据表的创建和加载、UI 设计和搭建、3D UI 的使用、UI 功能的实现、VR 手柄交互功能的实现和 VR 打包测试等步骤一一进行详细阐述。

本项目学习前需读者了解 Unreal Engine（虚幻引擎）的基本操作，以及蓝图的基础知识。

本项目使用的 Unreal Engine（虚幻引擎）版本是 Unreal Engine 4.27。

学习目标

- 掌握 Unreal Engine 场景和美术资产的导入方式。
- 掌握配置 Unreal Engine 的 VR 开发环境。
- 掌握 Unreal Engine 数据表的创建和加载。
- 掌握 Unreal Engine 的 UMG 系统。
- 掌握 Unreal Engine 3D UI 的搭建和使用。
- 掌握 Unreal Engine VR 手柄的交互方式。
- 掌握 Unreal Engine 的打包和测试方式。

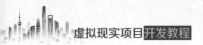

任务 5.1 VR+ 数字园林项目需求分析和开发流程

需求分析和
开发流程

■ **任务目标**

（1）VR+ 数字园林项目需求分析。

（2）梳理项目的整体开发流程。

■ **任务分析**

开发前先对项目进行需求分析，确定所需实现功能，然后梳理项目的整体开发流程。

任务实施

步骤 1 VR+ 数字园林项目需求分析。

VR+ 数字园林项目主要需求是：第一，通过 VR 设备游览园林风貌；第二，能够让园林设计突破传统、打破常规，通过 VR 设备在虚拟场景中设计园林。

根据以上需求进行分析，VR+ 数字园林项目主要实现的功能有以下几部分。

（1）通过 VR 手柄按键，能够实现短距离传送。

（2）通过 VR 手柄按键，角色能够转向。

（3）搭建 3D UI 界面。

（4）由于园林场景过大，能够通过 VR 手柄和 3D UI 进行交互，选择相应位置进行定点传送。

（5）搭建 UI，显示可摆放物体的按钮，通过单击该按钮，生成该物体的 Actor 类，可通过鼠标移动生成的 Actor，选择位置进行摆放，并对园林进行设计。

步骤 2 VR+ 数字园林项目开发流程。

根据项目需求分析，项目整体开发流程如下。

（1）导入数字园林场景和所需美术资产。

（2）配置 VR 开发环境，接入 VR 设备。

（3）创建 VR 角色，通过 VR 手柄实现短距离传送和角色转向功能。

（4）搭建 UI 界面，主要有三个主界面：选择菜单界面、设计模式界面以及传送界面。

（5）添加控件交互组件，实现和场景 UI 的交互。

（6）通过选择传送界面的位置按钮进行角色传送。

（7）通过手柄单击设计模式中的按钮，生成对应的物体，物体依附在手柄上。

（8）手柄可将依附在其上的物体放置到场景中，对园林场景进行设计。

任务 5.2　创建新工程与美术资产导入

场景导入和
美术资产
导入

■ 任务目标

（1）完成新工程的创建。

（2）完成场景的导入。

（3）完成美术资产的导入。

■ 任务分析

该项目使用的引擎版本是 Unreal Engine 4.27。本任务是完成新工程的创建，并导入场景，这里将虚幻商城中的免费场景 City Park Environment Collection LITE 作为教学使用，之后再导入所需的美术资产。

任务实施

步骤 1　创建新工程。

具体操作步骤如项目 3 中任务 3.2 的步骤 1，项目名称命名为 Digital Garden。

步骤 2　导入场景。

启动 Epic Games Launcher，在 Unreal Engine 的虚幻商城中搜索 City Park Environment Collection LITE，如图 5.1 所示。

图 5.1　虚幻商城

打开该搜索结果，单击创建工程，更改文件夹位置，选择引擎版本为 4.27，单击创建按钮，如图 5.2 所示。

图 5.2　创建工程

等待下载完成后，找到项目所在文件夹，进入项目根目录下的 Content 的文件夹，复制 Content 的文件夹下的 City Park 文件夹，到上一步骤所创建的 Digital Garden 工程根目录下的 Content 的文件夹中，然后打开 Digital Garden 工程，这样就将所下载的场景迁移到了 Digital Garden 工程中，如图 5.3 所示。

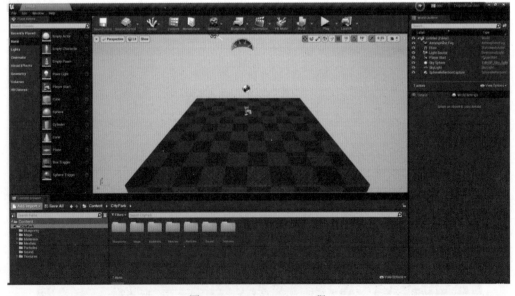

图 5.3　Digital Garden 工程

在 Content Browser（内容浏览器）中，按照路径 Content\CityPark\Maps 打开 Showcase 关卡，等待着色器编译完成，这就是该项目所使用的场景，如图 5.4 所示。

图 5.4　场景

接下来要将该场景设置为默认关卡，避免重新打开工程时，引擎自动创建一个新的关卡。在菜单栏选择 Edit（编辑）下的 Project Settings（项目设置）（见图 3.11）。

选择 Project（项目）下 Maps & Modes（地图和模式），在 Default Maps（默认地图）下将 Editor Startup Map（编辑器开始地图）设置为 Showcase 关卡，如图 5.5 所示。

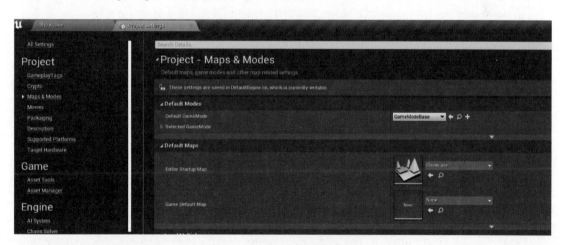

图 5.5　设置编辑器开始地图

步骤 3　导入美术资产。

导入美术资产前，先构建好文件结构，以便后期进行资产管理，文件结构如图 5.6 所示。其中，Blueprints用于存放蓝图资产，FX用于存放特效，Materials用于存放材质资产，Mesh用于存放模型资产，Textures用于存放贴图资产。

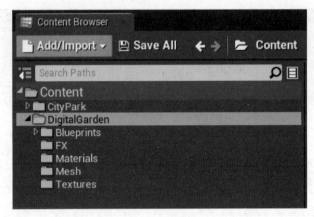

图 5.6　文件结构

先导入角色传送功能所需的资产，将准备好的 Unreal Engine 特效资源文件 VR Template 复制到工程文件下的 Content 文件夹中，如图 5.7 所示。复制完成后，将在内容浏览器中看到 VR Template 文件及其文件下的特效、材质等资产。

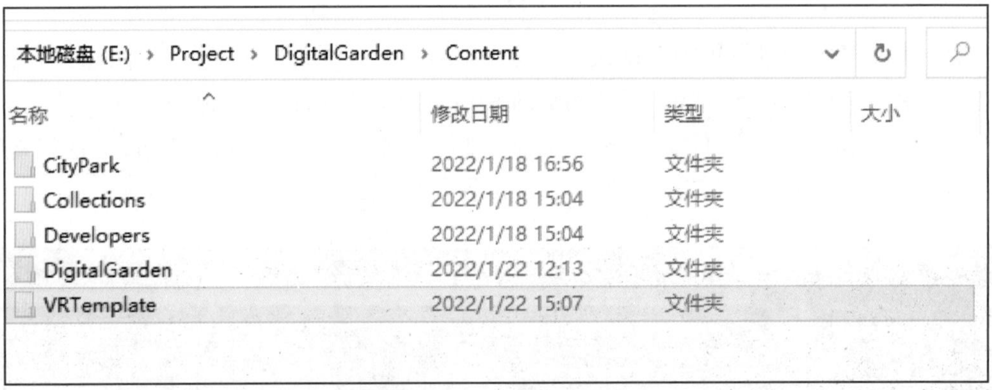

名称 ^	修改日期	类型	大小
CityPark	2022/1/18 16:56	文件夹	
Collections	2022/1/18 15:04	文件夹	
Developers	2022/1/18 15:04	文件夹	
DigitalGarden	2022/1/22 12:13	文件夹	
VRTemplate	2022/1/22 15:07	文件夹	

本地磁盘 (E:) › Project › DigitalGarden › Content

图 5.7　文件结构

接着导入图片资产，对应着 City Park 目录下 Meshes 文件中的模型，用于 UI 中展示摆放物体。

导入图片资产直接将资源中的图片移入对应的文件夹即可，建筑物导入图片如图 5.8 所示，植物导入图片如图 5.9 所示，休闲设施导入图片如图 5.10 所示，游玩设施导入图片如图 5.11 所示，地面岩石落叶导入图片如图 5.12 所示。

之后还需要导入 UI 图片，用于 UI 界面搭建。在内容浏览器 Digital Garden 目录下 Textures 文件夹中新建文件夹，命名为 UI，再将所需 UI 图片拖曳到该文件夹中，如图 5.13 所示。

图 5.8　建筑物导入图片

图 5.9　植物导入图片

图 5.10　休闲设施导入图片

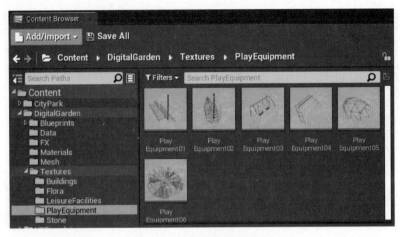

图 5.11　游玩设施导入图片

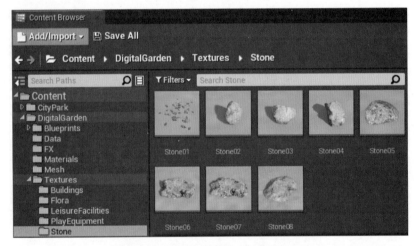

图 5.12　地面岩石落叶导入图片

图 5.13　UI 资源

任务 5.3 搭建 VR 开发环境

■ 任务目标

（1）完成加载 Unreal Engine 的 VR 插件，接入 VR 设备。

（2）VR 角色创建和手柄生成。

（3）手柄按键交互，通过手柄按键实现控制角色转向和传送。

■ 任务分析

本项目开发采用的 VR 设备是 HTC VIVE COSMOS，需要先加载 Unreal Engine 的 VR 插件，实现 VR 设备的接入，然后创建 VR 角色，编写手柄生成代码，然后在引擎的输入映射中关联手柄按键，实现角色转向和传送功能。

任务实施

步骤 1　加载 VR 插件，接入 VR 设备。

具体操作步骤如项目 3 中任务 3.3 的步骤 1。

步骤 2　创建 VR 角色和虚拟手柄。

具体操作步骤如项目 3 中任务 3.3 的步骤 2。

步骤 3　创建游戏模式。

具体操作步骤如项目 3 中任务 3.3 的步骤 3。

步骤 4　角色转向和传送。

具体操作步骤如项目 3 中任务 3.3 的步骤 4。

任务 5.4 创建和加载 Unreal Engine 数据表

■ 任务目标

（1）Unreal Engine 数据表的搭建。

（2）Unreal Engine Game Instance 类的创建和使用。

（3）Unreal Engine 数据表的加载。

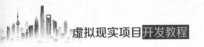

■ 任务分析

搭建 Unreal Engine 数据表，先要构建对应的结构体类型，再创建该结构体的数据表，在数据表中添加需要加载的数据。最后创建 Game Instance 蓝图类，在该类中加载数据表。

由于要实现对园林的设计，通过手柄在 VR 虚拟场景中摆放物体，因此加载的主要是模型资源。

根据需求创建的结构体需包含的成员类型有：Static Mesh（静态网格体类型，用于存放物体的模型）、枚举（区分物体的类型）、Texture 2D（图片类型，即物体的图片，用于在 3D UI 中显示）、Vector（向量类型，用于修复因模型中心位置不准确而导致的摆放时物体位置的偏差，默认为零向量）。

任务实施

步骤1　创建数据表。

先在内容浏览器中 Digital Garden 目录下创建一个 Data 文件夹，用于存放自定义数据类型和数据表，如图 5.14 所示。

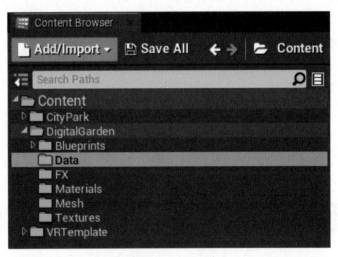

图 5.14　Data

创建完成后，根据任务分析，在构建结构体前，需要先创建用于区分物体类型的枚举。

因此，在内容浏览器 Digital Garden 目录下 Data 文件夹中创建枚举类型，命名为 E_ObjectType，如图 5.15 所示。

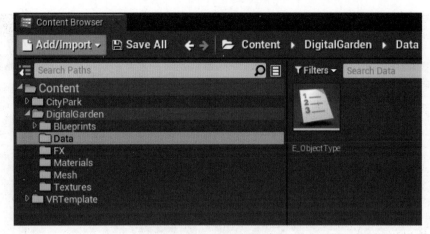

图 5.15 创建枚举

根据要摆放的物体类型，构建 E_ObjectType 枚举元素，这里使用内容浏览器 City Park 目录下 Meshes 文件夹中的模型作为要摆放的物体，因此 E_ObjectType 枚举元素的构建如图 5.16 所示。

图 5.16 枚举元素

创建完物体的枚举类型后，接着在内容浏览器 DigitalGarden 目录下 Data 文件夹中创建结构体类型，命名为 Struct_DesignOrnaments，如图 5.17 所示。

根据任务分析，打开 Struct_DesignOrnaments 结构体，创建结构体成员如图 5.18 所示。其中 ObjectMesh 成员用于存储物体的模型，ObjectType 成员用于区分物体类型，ObjectIcon 成员用于存储物体的图标，Offset 成员用于设置物体摆放位置的偏移量。

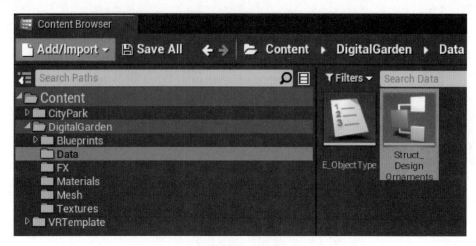

图 5.17　结构体

图 5.18　结构体成员

创建完结构体后，接下来需要创建 DataTable（数据表格），如图 5.19 所示。

Pick Row Structure（选取行结构）选择 Struct_DesignOrnaments，如图 5.20 所示。

确认后，将 DataTable（数据表）命名为 ObjectInfo_DataTable，如图 5.21 所示。

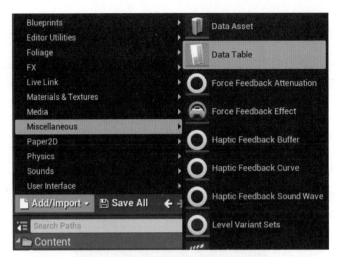

图 5.19　数据表格

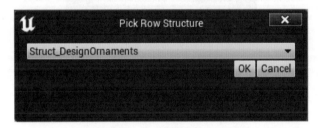

图 5.20　选取行结构

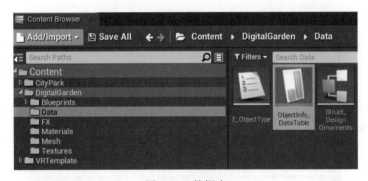

图 5.21　数据表

步骤 2　配置数据表。

创建完数据表后，给数据表添加数据，将 City Park 目录下 Meshes 文件夹中的模型与之前导入 Digital Garden 目录下 Textures 文件夹中对应的图片一一配置到数据表中，并设置对应的物体类型和位置偏移量，如图 5.22 所示。

步骤 3　创建和设置 Game Instance 蓝图类。

Game Instance 类是 Unreal Engine 的单例模式，可以使用 Game Instance 类来加载数据表。

图 5.22　配置数据表

在内容浏览器 Digital Garden 目录下的 Blueprints 文件夹中新建蓝图类，选择 Game Instance 父类如图 5.23 所示，将新建的 Game Instance 蓝图类命名为 BP_Game Instance，如图 5.24 所示。

接下来打开项目设置，在 Maps&Modes（地图和模式）中将 BP_Game Instance 设置给 Game Instance Class，如图 5.25 所示。

图 5.23　选择 Game Instance 父类

图 5.24　BP_Game Instance

图 5.25　设置 Game Instance Class

步骤 4　加载数据表。

设置完成后，BP_Game Instance 将会在项目中自动运行，接下来在 BP_Game Instance 蓝图类 Event Init（事件初始）中加载数据表，具体蓝图代码如图 5.26 所示。

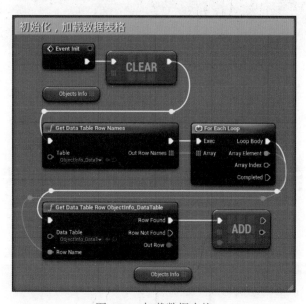

图 5.26　加载数据表格

其中，Objects Info 变量是 BP_Game Instance 蓝图类 Struct_Design Ornaments 结构体数组，用于存储从数据表中加载出来的数据。

完成数据表格的加载后，在 BP_Gamc Instance 蓝图类中创建一个函数，命名为 Get Objects Info from Type，用于获取所选择物体类型的所有物体信息，具体蓝图代码如图 5.27 所示。

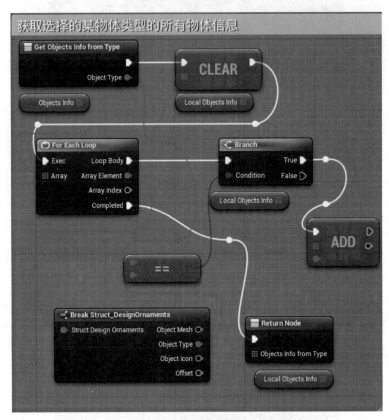

图 5.27　获取物体信息

其中 Local Objects Info 是 Get Objects Info from Type 函数的本地变量（局部变量），用于临时存储所选择类型的物体信息。

任务 5.5　UI 的搭建和 3D UI 的使用

■ 任务目标

（1）根据需求完成 UI 的搭建。

（2）获取 Unreal Engine UI 中数据。

（3）完成 3D UI 控件的创建。

■ 任务分析

先根据需求搭建完成 UI 界面，然后获取数据，将对应数据设置给 UI。由于项目为 VR 项目，因此 UI 需要显示在场景中，即所谓的 3D UI。之后创建 3D UI 控件，将 UI 设置给 3D UI 控件，并编写 UI 间的切换代码。

由于本数字园林项目需要实现玩家通过 VR 设备在虚拟场景中对园林进行设计和游览，考虑到园林面积过大，因此主要实现两种功能：设计功能（满足玩家对园林的设计改造）和传送功能（让玩家快速到达某个区域）。

根据以上分析，需要搭建设计模式下的 UI 界面，玩家通过手柄拖曳 UI 中显示的道具等对园林进行改造，还需要搭建传送功能 UI 界面，能够通过手柄和 UI 的交互，快速让玩家到达某一区域。

除此之外，还需要搭建一个选择菜单 UI 主界面，用来切换两个功能界面。

任务实施

步骤 1　UI 界面搭建。

先在内容浏览器 Digital Garden 目录下创建一个文件夹，命名为 UMG，如图 5.28 所示，用来存储蓝图控件。

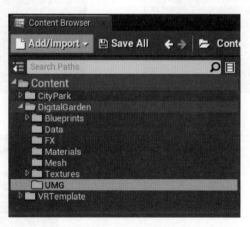

图 5.28　UMG 文件夹

然后在 UMG 文件夹下创建 Widget Blueprint（控件蓝图）如图 5.29 所示，命名为 UI_Main，作为 UI 主界面。

打开 UI_Main 控件蓝图，根据任务分析中的需求，使用任务 2 步骤 3 中导入的 UI 资源，搭建 UI 主界面。

其中使用的全部控件如图 5.30 所示，UI 界面的设计效果如图 5.31 所示。

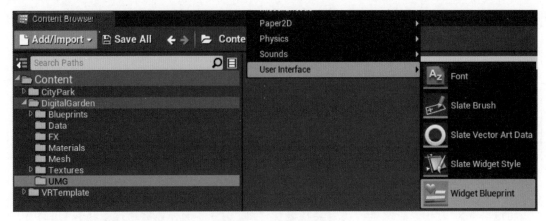

图 5.29　创建控件蓝图

图 5.30　使用的控件层级

图 5.31　UI_Main 界面效果

完成 UI_Main 的界面搭建后，接着搭建设计模式功能的 UI 界面，在搭建之前，先创建两个需要重复用到的自定义控件。

在内容浏览器 Digital Garden 目录下 UMG 文件夹中创建控件蓝图，命名为 UI_Object Type Button，用于作为分类按钮控件。

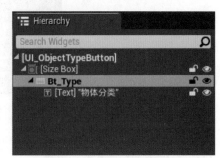

图 5.32　使用的控件层级

打开 UI_Object Type Button 控件蓝图，根据需求，搭建 UI 界面。

其中使用的全部控件如图 5.32 所示，UI 界面的设计效果如图 5.33 所示。

图 5.33　界面效果

　　接下来，搭建展示物体的控件，在内容浏览器 Digital Garden 目录下 UMG 文件夹中创建控件蓝图，命名为 UI_Object Slot，如图 5.34 所示。

　　打开 UI_Object Slot 控件蓝图，根据需求搭建 UI 界面。

　　其中使用的全部控件如图 5.35 所示，UI 界面的设计效果如图 5.36 所示。

图 5.34　UI_Object Slot

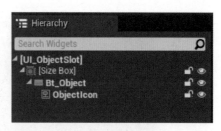

图 5.35　使用的控件

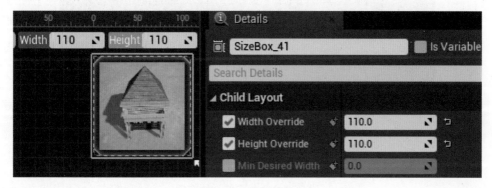

图 5.36　界面效果

完成两个自定义控件的创建后，接下来创建设计模式的 UI 界面，在内容浏览器 Digital Garden 目录下 UMG 文件夹中创建控件蓝图，命名为 UI_Design Mode，用于作为设计模式的主界面。

打开 UI_Design Mode 控件蓝图，根据需求搭建 UI 界面。

其中使用的全部控件如图 5.37 所示，UI 界面的设计效果如图 5.38 所示。

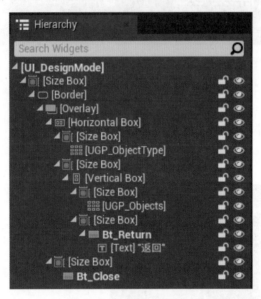

图 5.37　使用的全部控件

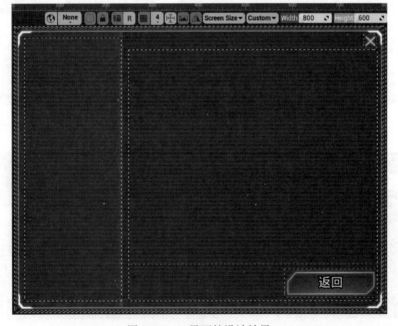

图 5.38　UI 界面的设计效果

完成 UI_Design Mode 控件蓝图的界面搭建后，接下来创建传送功能的 UI 界面。

在搭建传送功能 UI 界面之前，先创建一个自定义控件按钮，作为传送功能 UI 界面的传送按钮。

在内容浏览器 Digital Garden 目录下 UMG 文件夹中创建控件蓝图，命名为 UI_Transfer Button。

打开 UI_Transfer Button 控件蓝图，根据需求搭建 UI 界面。

其中使用的全部控件如图 5.39 所示，UI 界面的设计效果如图 5.40 所示。

图 5.39　使用的全部控件

图 5.40　界面效果

完成自定义控件的创建后，接下来搭建传送功能的 UI 界面，在内容浏览器 Digital Garden 目录下 UMG 文件夹中创建控件蓝图，命名为 UI_Transfer，如图 5.41 所示，用于作为传送功能的主界面。

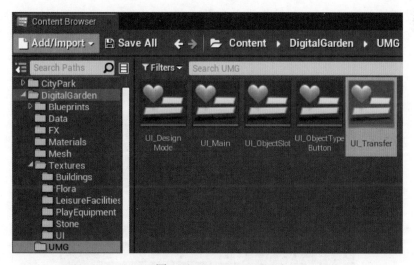

图 5.41　UI_Transfer

打开 UI_Transfer 控件蓝图，根据需求搭建 UI 界面。

其中使用的全部控件如图 5.42 所示，UI 界面的设计效果如图 5.43 所示。

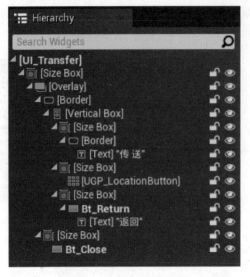

图 5.42 使用的控件 　　　　　　　　　　　图 5.43 界面效果

完成 UI_Transfer 控件蓝图界面的搭建后，就将所需的所有 UI 界面搭建完毕，接下来，就需要完善 UI 界面的功能。

步骤 2　3D UI 的使用。

在继续完善 UI 功能之前，需要先添加 3D UI 控件。

打开 BP_VRPawn 蓝图类（在内容浏览器 Digital Garden 目录下，Blueprints 文件夹的 Player 文件夹中），找到在 Components（组件）栏中的 Camera（摄像机）组件，在该组件下添加 Widget（控件）组件（见图 3.81）。

选中 Widget（控件）组件，在 Widget（控件）组件的细节面板中，将 UI_Main 控件蓝图类设置给 Widget Class（控件类）参数，并将 UI_Main 控件蓝图的 UI 尺寸设置给 Draw Size（绘制大小）参数，之后再设置 Geometry Mode（几何体模式）参数和 Cylinder Arc Angle（圆柱体弧形角度）参数，使 3D UI 在场景中以弧形显示，如图 5.44 所示。

图 5.44 设置参数

接着调整 Widget（控件）组件的位置和朝向，将其移动到 Camera（摄像机）组件的正前方，并让其正方向朝向摄像机，因此 Widget（控件）组件细节面板中 Transform（变换）参数（见图 3.83）设置完成后，效果如图 5.45 所示。

接下来，在 BP_VRPawn 蓝图中创建一个函数，命名为 Set Widget Visible，用于设置 3D UI 的显示和隐藏，具体蓝图代码如图 3.85 所示。

创建完成后，接着在 BP_VRPawn 蓝图中创建一个函数，命名为 Set Widget Info，用于设置 Widget（控件）组件信息，切换显示 UI 使用，具体蓝图代码如图 3.86 所示。

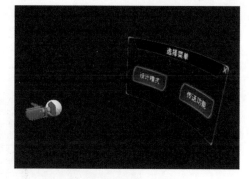

图 5.45　3D UI 效果

步骤 3　完善 UI 功能。

先打开 UI_Main 控件蓝图类（在内容浏览器 Digital Garden 目录下 UMG 文件夹中），完善三个按钮功能。

首先是 Bt_Close 按钮，在 UI_Main 控件蓝图类的 Hierarchy（层级）栏中，选中该按钮，然后在细节面板中找到 On Pressed 事件，单击右边"+"号，跳转到事件图表中。

接下来，要实现关闭 UI 功能，具体蓝图代码如图 3.87 所示。

然后是 Bt_DesignMode 按钮，单击该按钮后，切换到设计模式 UI 界面，具体蓝图代码如图 5.46 所示。

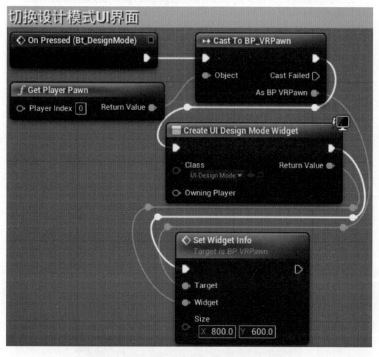

图 5.46　切换 UI 界面

最后是 Bt_Delivery 按钮，单击该按钮后，切换到传送功能界面，具体蓝图代码如图 5.47 所示。

完善 UI_Main 控件蓝图的功能后，接着完善 UI_Design Mode 控件蓝图的功能。

先打开 UI_Object Slot 控件蓝图，创建一个 Struct_Design Ornaments 类型变量，命名为 Object Info，作为存储物体信息变量，并将变量设置成生成时公开，如图 5.48 所示。

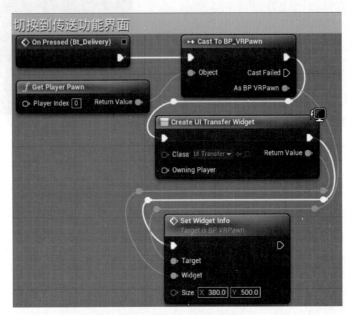

图 5.47　切换 UI 界面

图 5.48　Object Info 变量

创建完 Object Info 变量后，在 UI_Object Slot 控件蓝图中创建一个函数，命名为 Init Slot，用于初始化控件，具体蓝图代码如图 5.49 所示。

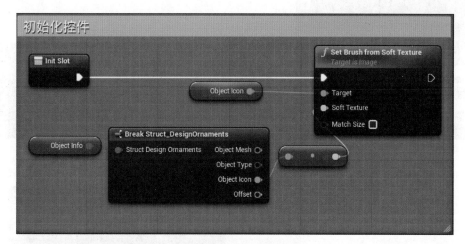

图 5.49　初始化控件函数

创建完 Init Slot 函数后，在 UI_Object Slot 控件蓝图 Event Construct（事件构造）中调用该函数，如图 5.50 所示。

图 5.50　初始化控件

接下来，在 UI_Object Slot 控件蓝图中创建一个带有 Struct_Design Ornaments 参数的 Event Dispatchers（事件分发器），命名为 ED_Slot Button Pressed 如图 5.51 所示。然后在 Bt_Object 按钮的 On Pressed（按压时）事件中调用该事件分发器，如图 5.52 所示。

完善 UI_Object Slot 控件蓝图的功能后，打开 UI_Object Type Button 控件蓝图，选中 Hierarchy（层级）栏中 Bt_Type 按钮层级下的 Text 控件，将该控件命名为 Text_Object Type，并将其显示在 Graph（图表）模式中，可在控件的细节面板中设置，如图 5.53 所示。

在 UI_Object Type Button 控件蓝图中创建两个变量，分别是：Text（文本）类型变量，命名为 Object Type Name，用于物体类型名称的存储；E_Object Type 枚举类型变量，命名为 Object Type，并将变量设置成生成时公开，如图 5.54 所示。

图 5.51　事件分发器

图 5.52　按钮按压时事件

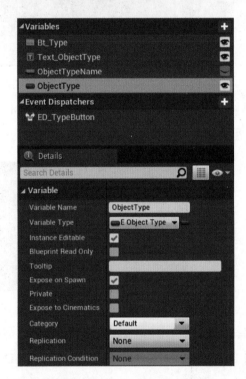

图 5.54　Object Type Name 变量

图 5.53　细节面板

完成变量的创建后，对 UI_Object Type Button 控件蓝图进行初始化，具体蓝图代码如图 5.55 所示。

创建一个带有 E_Object Type 枚举类型输入参数的 Event Dispatchers（事件分发器），命名为 ED_Type Button，如图 5.56 所示，然后在 Bt_Type 按钮 On Pressed（按压时）事件调用，如图 5.57 所示。

完善 UI_Object Slot 和 UI_Object Type Button 控件蓝图功能后，打开 UI_Design Mode 控件蓝图，在 Hierarchy（层级）栏中选中 UGP_Object Type 控件，将该控件暴露到 Graph（图表）模式中，在细节面板控件名称旁勾选 Is Variable，如图 5.58 所示。

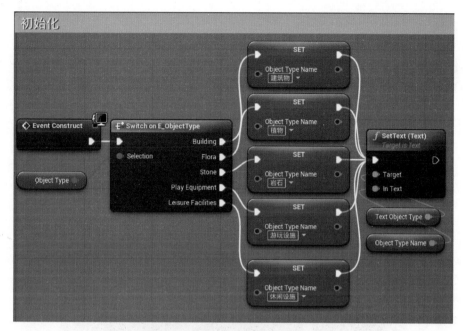

图 5.55　初始化

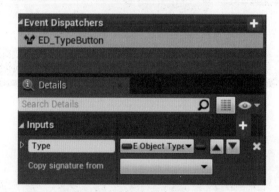

图 5.56　创建事件分发器

图 5.57　调用事件分发器

图 5.58　UGP_Object Type 控件细节面板

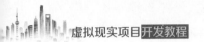

同上操作，将 UGP_Objects 控件暴露到 Graph（图表）模式中。

然后创建两个函数，命名为 Load Objects Info 和 Init，分别用于加载物体信息和初始化控件，Load Objects Info 函数详细蓝图代码如图 5.59 所示，Init 函数详细蓝图代码如图 5.60 所示。

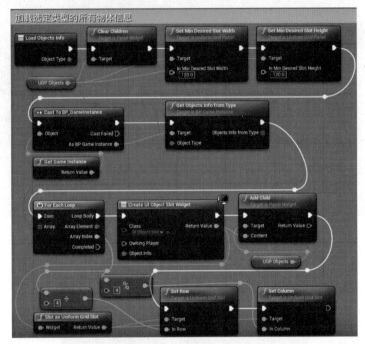

图 5.59　加载物体信息函数

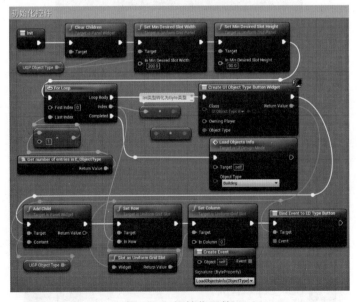

图 5.60　初始化函数

完成 Load Objects Info 和 Init 函数创建后，在 Event Construct（事件构造）中调用 Init 函数，初始化控件，具体蓝图代码如图 5.61 所示。

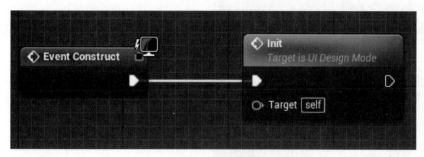

图 5.61　初始化控件

初始化完成后，接着完善 UI_Design Mode 控件蓝图中 Bt_Close 按钮的关闭 UI 功能，具体蓝图代码如图 3.87 所示，和 Bt_Return 按钮返回选择菜单 UI 功能，具体蓝图代码如图 5.62 所示。

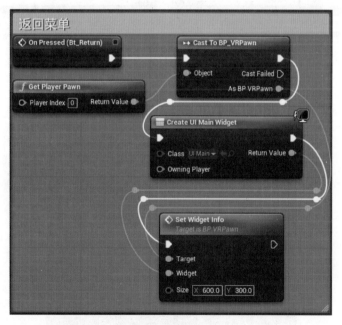

图 5.62　返回菜单

接下来需要完善 UI_Transfer 控件蓝图功能，先打开 BP_Game Instance 蓝图类，创建一个 Map 容器变量，命名为 Transfer Points，用于存储传送位置，并添加几个元素用于测试使用，如图 5.63 所示。

然后打开 UI_Transfer Button 控件蓝图，选中 Hierarchy（层级）栏中的 Text（文本）控件，修改命名为 Text_Location Name，并将其暴露到 Graph（图表）模式中，如图 5.64 所示。

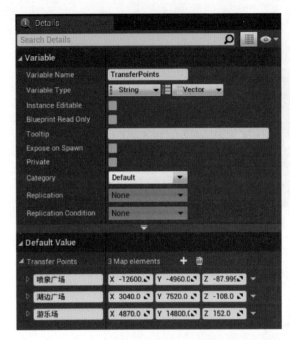

图 5.63　TransferPoints

图 5.64　Text_LocationName

在 Graph（图表）模式中，新建一个 Text（文本）类型的变量，命名为 Location Name，并将该变量设置成生成时公开，如图 5.65 所示。

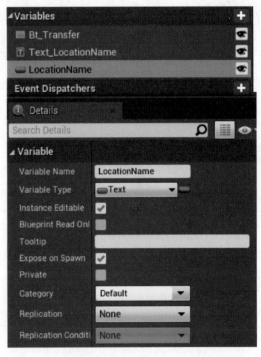

图 5.65　LocationName 变量

之后通过 Event Construct（事件构造）初始化控件，具体蓝图代码，如图 5.66 所示。

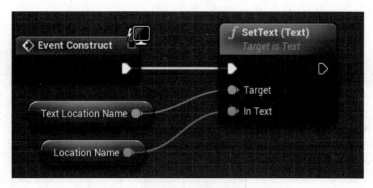

图 5.66　初始化

接下来，在 UI_Transfer Button 控件蓝图中，创建一个带 Text（文本）类型参数的事件分发器，命名为 ED_Transfer Button 如图 5.67 所示。然后使用 Bt_Transfer 按钮的 On Pressed（按压时）事件调用 ED_Transfer Button 事件分发器，如图 5.68 所示。

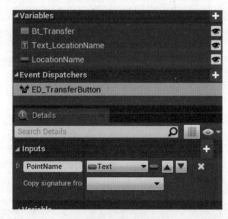

图 5.67　事件分发器

图 5.68　调用事件分发器

完成以上操作后，打开 UI_Transfer 蓝图控件，选中 UGP_Location Button 控件，在细节面板中设置 Is Variable 为真，将其暴露到 Graph（图表）模式中。

然后创建一个函数，命名为 Pawn Transfer，实现传送功能，具体蓝图代码如图 5.69 所示。

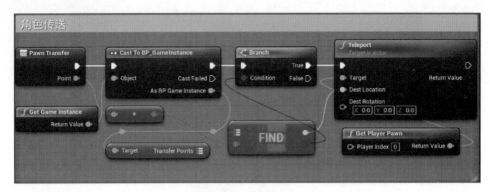

图 5.69　角色传送

创建一个函数，命名为 Init，用于初始化界面，具体蓝图代码如图 5.70 所示。

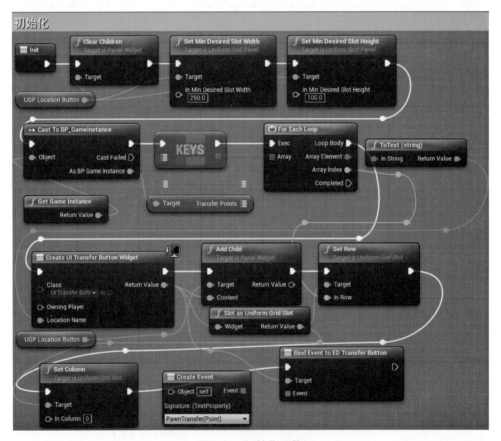

图 5.70　初始化函数

最后在事件图表 Event Construct（事件构造）中调用 Init 函数，进行初始化，具体蓝图代码如图 5.71 所示。

初始化完成后，接着完善 UI_Transfer 蓝图控件中 Bt_Close 按钮的关闭 UI 功能（见图 3.87）和 Bt_Return 按钮返回选择菜单 UI 功能（见图 5.62）。

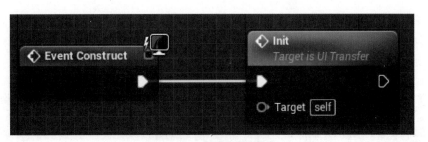

图 5.71　初始化函数

任务 5.6　VR 手柄和 UI 交互

■ 任务目标

（1）添加 VR 手柄射线系统。

（2）通过手柄按键实现鼠标单击事件模拟。

（3）通过 VR 手柄拖曳物体使物体摆放到场景中。

■ 任务分析

添加 VR 手柄射线系统，需先添加 Widget Interaction（控件交互）组件，该组件自带射线系统，可通过该组件来模拟鼠标点击事件和 UI 进行交互。

通过 VR 手柄拖曳物体使物体摆放到场景中，需要手柄射线选中设计模式界面中的物体时，关闭 UI，生成一个 Actor 依附在射线上，跟随射线移动，并且等待找到放置位置并摆放物体。

任务实施

步骤 1　VR 手柄和 UI 的交互。

具体操作步骤如项目 3 中任务 3.5 的步骤 3，完成后测试效果如图 5.72 所示。

图 5.72　测试效果

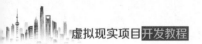

步骤 2　VR 手柄拖曳物体。

根据任务分析，先在内容浏览器 Digital Garden 目录下的 Blueprints 文件夹中，创建继承自 Actor 的蓝图类，命名为 BP_Place Object，如图 5.73 所示。

图 5.73　BP_Place Object

打开 BP_Place Object 蓝图，在根组件下添加 Static Mesh 组件，并且创建一个 Struct_Design Ornaments 结构体类型的变量，命名为 Object Info，将其设置成生成时公开，如图 5.74 所示。

图 5.74　Object Info

接下来，在 BP_Place Object 蓝图的 Event Begin Play（事件开始运行）节点，初始化蓝图，具体蓝图代码如图 5.75 所示。

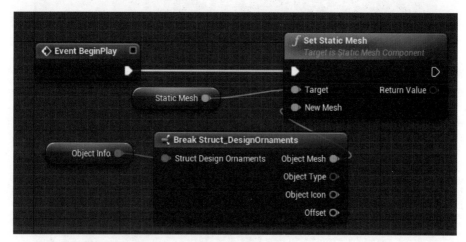

图 5.75　初始化

然后在 Tick 事件中重置旋转，具体蓝图代码如图 5.76 所示。

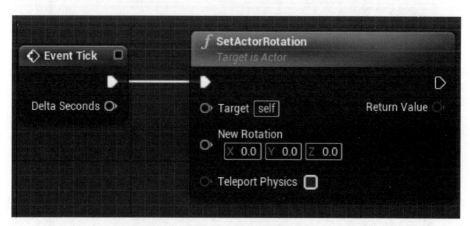

图 5.76　保持旋转

完成后，打开 BP_VRPawn 蓝图类，创建一个函数，带有 Struct_Design Ornaments 结构体类型的输入参数，命名为 Spawn Place Object，具体蓝图代码如图 5.77 所示。

接下来，将 Spawn Place Object 函数绑定到 UI_Object Slot 控件蓝图中的 ED_Slot Button Pressed 调度分发器上，使得按钮点击时生成 BP_Place Object 依附在控件交互组件上。

打开 UI_Design Mode 控件蓝图，找到 Load Objects Info 函数，修改该函数代码，具体蓝图代码如图 5.78 所示。

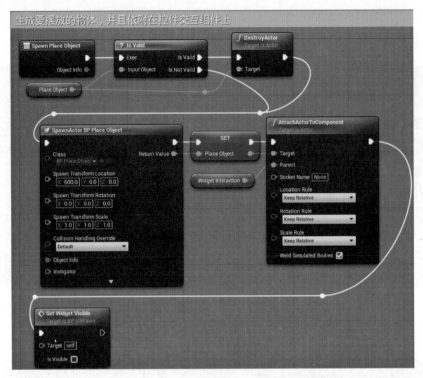

图 5.77　生成 BP_Place Object

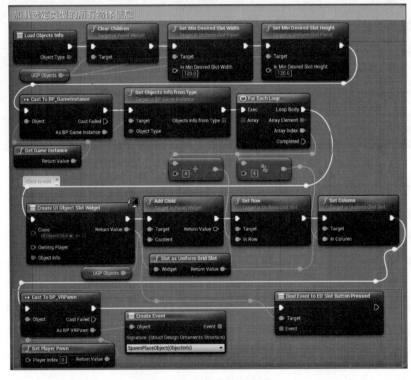

图 5.78　绑定事件分发器

完成测试后的效果如图 5.79 所示。

图 5.79　测试效果

接下来完成摆放物体功能，在 BP_VRPawn 蓝图类中，创建一个函数，命名为 Placing Object，具体蓝图代码如图 5.80 所示。

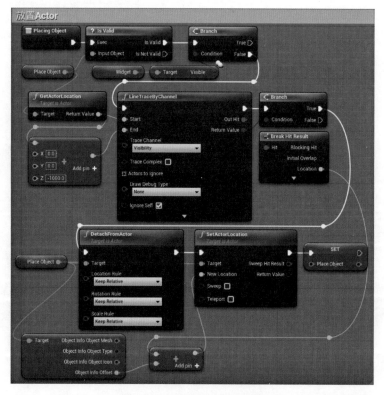

图 5.80　Placing Object 函数

调用 Placing Object 函数，实现摆放物体功能，具体蓝图代码如图 5.81 所示。

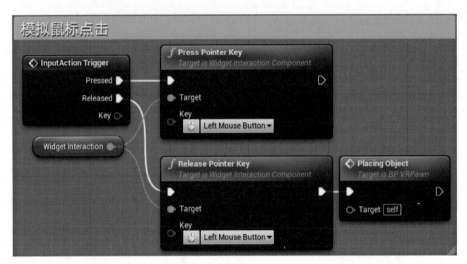

图 5.81　调用函数

完成以上步骤，通过手柄摆放物体进行测试，测试效果如图 5.82 所示。

图 5.82　测试效果

至此，数字园林项目功能开发完成，接下来对项目进行打包。

任务 5.7　VR+ 数字园林项目打包测试

■ 任务目标

（1）配置打包环境。

（2）打包测试。

■ 任务分析

项目功能开发已经完成，下一步就需要打包成 Windows 可执行文件进行测试，首先需要配置 Windows 打包环境，然后进行打包，最后穿戴 VR 设备测试项目运行结果，检查项目是否存在 Bug，若存在 Bug，修复后再次打包，直到项目流畅运行。

任务实施

步骤 1　打包环境配置。

具体操作步骤参考项目 3 中任务 3.6 的步骤 1。

步骤 2　打包测试。

具体操作步骤参考项目 3 中任务 3.6 的步骤 2。

◆ 项 目 总 结 ◆

通过学习此项目，希望读者学会对项目需求进行分析，拆解出项目所需实现的功能，进行功能细分，然后通过对项目的需求分析制定项目的开发流程，使开发中思维逻辑清晰，同时培养良好的开发习惯。

熟悉配置 Unreal Engine VR 开发环境，并通过手柄实现角色的短距离传送和转向。了解控件交互组件的使用，将搭建好的 UI 设置给该组件，实现 3D UI，并且显示射线，实现手柄和 UI 的交互功能。

通过手柄单击传送界面按钮，实现角色传送；实现手柄拖曳物体，将物体摆放在园林场景中，对园林场景进行设计。

最后配置项目的打包环境，进行项目打包测试。

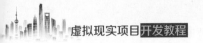
◆ 课 后 习 题 ◆

1. 通过 VR 手柄按键实现角色前、后、左、右移动功能。

2. 添加 VR 手柄射线选中场景中的物体后，对物体边界进行高亮显示。

3. 在场景中放置好物体，可通过 VR 手柄重新拾取物体，再进行摆放。

4. 通过 VR 手柄按键可直接删除 VR 手柄拾取到的物体。

5. 可通过按键调整 VR 手柄拾取到的物体角度。

6. 尝试添加调节 VR 手柄射线长度功能。

7. 尝试添加更改场景中物体材质功能。

8. 尝试添加场景漫游功能。

参 考 文 献

[1] Mitch McCaffrey. Unreal Engine 4 游戏开发秘籍：UE4 虚拟现实开发 [M]. 达瓦学院，译. 北京：机械工业出版社，2018.

[2] Aram Cookson. Unreal Engine 4 游戏开发入门经典 [M]. 刘强，译. 北京：人民邮电出版社，2018.

[3] Ryan Shah. 精通 Unreal 游戏引擎 [M]. 王晓慧，译. 北京：人民邮电出版社，2015.

[4] Tom Shannon. Unreal Engine 4 可视化设计 [M]. 龚震宇，译. 北京：电子工业出版社，2020.

[5] 何伟. Unreal Engine 4 从入门到精通 [M]. 北京：中国铁道出版社，2018.

[6] 姚亮. 虚幻引擎（UE4）技术基础 [M]. 2 版. 北京：电子工业出版社，2021.

[7] Brenden Sewell. Unreal Engine 4 蓝图可视化编程 [M]. 陈东林，译. 北京：人民邮电出版社，2017.

[8] 王晓慧. Unreal Engine 虚拟现实开发 [M]. 北京：人民邮电出版社，2018.

[9] 胡良云. HTC Vive VR 游戏开发实战 [M]. 北京：清华大学出版社，2017.

[10] 谭恒松. 虚拟现实项目实战教程 [M]. 北京：电子工业出版社，2020.9

[11] 王寒，张义红，王少笛. Unity AR/VR 开发：实战高手训练营 [M]. 北京：机械工业出版社，2021.

[12] 冀盼. VR 开发实战 [M]. 北京：电子工业出版社，2017.

[13] 向春宇. VR、AR 与 MR 项目开发实战 [M]. 北京：清华大学出版社，2018.

[14] Charles Palmer. 虚拟现实开发实战 [M]. 谢永兴，译. 北京：机械工业出版社，2021.

[15] Bob Hughes，Mike Cotterell. 软件项目管理 [M]. 廖彬山，周卫华，译. 5版. 北京：机械工业出版社，2010.

[16] 张大平，殷人昆，陈超. 软件项目管理与素质拓展 [M]. 北京：清华大学出版社，2015.